Dr. med. vet. Dorina Lux

Grüne Hausapotheke für Katzen

Kompakt-Ratgeber

Haben Sie Fragen an den Verlag?
Anregungen zum Buch?
Erfahrungen, die Sie mit anderen teilen möchten?

Besuchen Sie unsere sozialen Netzwerke:
www.mankau-verlag.de/forum

Impressum

Bibliografische Information der Deutschen Nationalbibliothek
Die Deutsche Nationalbibliothek verzeichnet diese Publikation in der Deutschen Nationalbibliografie; detaillierte bibliografische Daten sind im Internet über http://dnb.d-nb.de abrufbar.

Dr. med. vet. Dorina Lux
Grüne Hausapotheke für Katzen
Heimische Heilpflanzen sicher anwenden
Kompakt-Ratgeber
ISBN 978-3-86374-655-1
1. Auflage Juni 2022

Mankau Verlag GmbH
D-82418 Murnau a. Staffelsee
Im Netz: www.mankau-verlag.de
Internetforum: www.mankau-verlag.de/forum

Lektorat: Redaktionsbüro Julia Feldbaum, Augsburg
Endkorrektorat: Susanne Langer-Joffroy M. A., Germering
Cover/Umschlag: Manfred Böhm, Murnau
Layout: X-Design, München
Bildredaktion, DTP: Lydia Kühn, Aix-en-Provence, Frankreich

Bildnachweis:
© **stock.adobe.com** 4, 6–7: Photocreo Bednarek; 4, 42–43: Kotkoa; 5, 72–73: 11: visivasnc; 13: Юлия Завалишина; 14: New Africa; 20: LIGHTFIELD STUDIOS; 21: iagodina; 29: Nadine Haase; 33: Foto Laupheim; 39: kathomenden; 58: Nynke; 61: nikolaydonetsk; 66 v.l.n.r.: Suraphol; bestvc; Silke Lorenz-Haack; nattaphol; susansantamaria; stockphoto-graf; 75: _vsevolod; 76: Eric Isselée; 77: niteenrk; Tamer; 78, 79: Lubo Ivanko; 81: Jean Landry; 82, 83: Melica; 86, 104, 105: Ruckszio; 87, 88: Reinhold Einsiedler; 89, 91: LianeM; 93 l.: Heike Rau; r.: gabriffaldi; 94 l.: Istvan; 94 r., 95: Stefan; 97, 99: hecos; 101 l., 102: MarinoDenisenko; 101 r.: aga7ta; 108: philipbird123; 109, 111: tunedin; 113: hcast; 114, 115: fotoknips; 116, 117: Jakob; 119: ramund88; 120, 121: Nazzu; 124, 125: sebi_2569; 126, 127: papava; 129: pgm; 130, 131: simona; 134, 135: carmenrieb; 138, 139: Kanusommer; 138 r.: svehlik; 141: AnnaReinert; 142, 143: LFRabanedo; 145: behewa; 146, 147: Peer Marlow; 146 r.: Heiko Küverling; 150 l., 151: Anastasiia Malinich; 150 r.: fedsax; 153: thomasc3; 155: Greg Mailaender
© **rossi.et.gastone** 17

Druck: Westermann Druck Zwickau GmbH, Zwickau/Sachsen

MIX
Papier aus verantwortungsvollen Quellen
FSC® C110508
www.fsc.org

Hinweis für die Leser:
Die Autorin hat bei der Erstellung dieses Buches Informationen und Ratschläge mit Sorgfalt recherchiert und geprüft, dennoch erfolgen alle Angaben ohne Gewähr. Verlag und Autorin können keinerlei Haftung für etwaige Schäden oder Nachteile übernehmen, die sich aus der praktischen Umsetzung der in diesem Buch vorgestellten Anwendungen ergeben. Bitte respektieren Sie die Grenzen der Selbstbehandlung, und suchen Sie bei Erkrankungen einen erfahrenen Arzt oder Heilpraktiker auf.

Vorwort

Bereits vor vielen Tausend Jahren haben sich die Katzen auf ihren Samtpfoten in unsere Herzen geschlichen, zuerst als nützliche Mäusefänger, später als selbstbewusste und liebenswerte Familienmitglieder. Sie wirken auf den ersten Blick oft robust und anspruchslos, weil sie in der Lage sind, ein eigenständiges Leben zu führen. Doch wenn man sich näher mit ihnen beschäftigt, entpuppen sie sich als äußerst empfindsame Wesen.
Sie reagieren sehr sensibel auf Umgebungsveränderungen und Stress. Nicht selten entwickeln sich daraus Verhaltensstörungen oder sogar körperliche Erkrankungen. Katzen nehmen durch ihr sensibles Wesen und als (reine) Fleischfresser in der Tiermedizin eine Sonderrolle ein. Ihre Erkrankungen, genauso wie deren Behandlungsmöglichkeiten unterscheiden sich erheblich von denen anderer Haustierarten. Im vorliegenden Buch finden Sie Hilfe und Anleitung, die Krankheiten Ihrer Katze mit den sanften Mitteln der Natur erfolgreich zu behandeln.
Es würde mich freuen, wenn ich auf diese Weise einen Beitrag dazu leisten könnte, Ihrer Katze ein langes und gesundes Leben zu ermöglichen.

Herzlichst,
Dorina Lux

Inhalt

Basiswissen Katzen 7

Basiswissen Heilpflanzen 43

Heilpflanzenprofile 73

Basiswissen Katzen

Im ersten Teil des Buches erfahren Sie, welchen Einfluss die Ernährung auf den Stoffwechsel der Katzen hat, wie Stress sich auf das Verhalten des Tieres auswirkt und wie Sie häufige Krankheiten mit Heilpflanzen selbst therapieren können.

Ernährung und Entgiftungsstoffwechsel

Jeder Katzenbesitzer weiß, dass unsere Hauskatzen ganz besondere Tiere sind. Tagtäglich entdecken wir in ihnen neben der anschmiegsamen, liebebedürftigen Schmusekatze auch das Erbe ihrer wilden Vorfahren. Sie sind extrem freiheitsliebend und willensstark. Und bei Bedarf setzen sie ihren Willen mit den Krallen und Zähnen eines Raubtieres um.

Diese Besonderheiten zeigen sich nicht nur im Verhalten, sondern auch in der Ernährung und im Entgiftungsstoffwechsel.

Fressverhalten wild lebender Katzen

Unsere Hauskatzen sind durch und durch Fleischfresser. Als wild lebende Katzen ernähren sie sich bevorzugt von Mäusen und Vögeln, aber auch Heuschrecken, Frösche, Schlangen, Fische, Kaninchen, Iltisse und viele andere Tierarten können unter ihr Beutespektrum fallen – je nach Angebot!

Die einzigen pflanzlichen Nahrungsbestandteile, die Katzen regelmäßig zu sich nehmen, befinden sich im Verdauungstrakt ihrer Beutetiere und machen maximal 5 bis 10 Prozent ihrer Nahrung aus. Je nach Beutetier können das Getreidekörner, Samen, Nüsse, Blätter, Gras, Obst, Gemüse oder anderes sein.

Zusammenhang zwischen Fressverhalten und Stoffwechsel

Die fast ausschließliche Ernährung durch Beutetiere hat vielfältige Auswirkungen auf den Stoffwechsel der Katzen. Ein den meisten Besitzern bekanntes Beispiel ist die essenzielle Aminosäure Taurin. Da Katzen diese normalerweise mit dem Muskelgewebe ihrer Beutetiere in mehr als ausreichender Menge aufnehmen, müssen sie diese nicht selbst im Körper herstellen können. Im Laufe der Evolution haben sie diese Fähigkeit dann, im Gegensatz zum Hund und zum Menschen, auch gänzlich verloren. Unsere Hauskatzen sind also darauf angewiesen, Taurin in ausreichendem Maße durch ihre Nahrung aufzunehmen. Ist dies nicht der Fall, können unter anderem lebensbedrohliche Herzerkrankungen die Folge sein.

Der Entgiftungsstoffwechsel

Der an tierische Nahrung angepasste Stoffwechsel unserer Samtpfoten hat auch Einfluss auf ihren Entgiftungsstoffwechsel. Dieser ist wichtig, um schädliche (giftige) Substanzen, die von außen aufgenommen, aber auch durch den normalen Nahrungsstoffwechsel entstehen können, unschädlich zu machen. Manche dieser »Gifte« können über den Darm oder die Niere direkt ausgeschieden werden. Die meisten Gifte müssen jedoch erst in eine ausscheidungsfähige Form überführt werden. Dieser Vorgang findet vor allem in der Leber statt und wird als Biotransformation bezeichnet.

Für die Biotransformation sind spezielle Leberenzyme notwendig. Mehrere dieser Enzyme (z. B. die UDP-Glucuronosyltransferase) sind in der Leber von Katzen in viel geringerem Maße vorhanden als in der Leber von Hunden, Menschen oder reinen Pflanzenfressern. Als Folge verbleiben Gifte deutlich länger in aktiver Form im Körper, bevor sie ausgeschieden werden.

Die meisten Arzneimittel und Heilpflanzen sind für den Körper im Prinzip ebenfalls giftig und müssen, nachdem sie ihre erwünschte Wirkung vollbracht haben, unschädlich gemacht und ausgeschieden werden. Da Katzen im Vergleich zu anderen Tieren aber deutlich langsamer entgiften, verbleiben Arzneimittel und Heilpflanzen häufig erheblich länger in ihrer wirksamen Form. Dementsprechend muss die Dosierung an den speziellen Stoffwechsel angepasst werden.

Besonders bei chronischen Erkrankungen kann die langsame Entgiftung auch Vorteile haben. Viele Arzneimittel müssen dann nicht täglich verabreicht werden, sondern eine Gabe an jedem zweiten oder dritten Tag ist ausreichend.

Katzen und Kräuter – geht das überhaupt?

Jeder Katzenbesitzer ist vermutlich schon einmal am anspruchsvollen Geschmackssinn seiner Katze verzweifelt. Es gibt Samtpfoten, denen für jede Mahlzeit eine andere Futtersorte angeboten werden muss, sonst treten sie in den Hungerstreik. Wiederum andere ziehen es vor,

INFO

WICHTIG

Katzen haben einen besonderen Stoffwechsel und benötigen daher spezielle Dosierungen von Arzneimitteln und Heilpflanzen. Es ist nicht möglich, die Dosierung von Hunden oder Menschen einfach auf das entsprechende Körpergewicht umzurechnen.

jeden Tag exakt dasselbe Futter zu erhalten, und verweigern bereits bei Anbruch einer neuen Charge das Fressen. Am schlimmsten ist es, wenn man versucht, ihnen Arzneimittel zu verabreichen. Jedes noch so geschickte Versteck in Butter oder Streichwurst scheint entdeckt zu werden, und die Leckerei wird entweder komplett verschmäht oder die Tablette säuberlich abgeschleckt ausgespuckt.

Wie soll man denn in unsere Katzen Heilkräuter hineinbringen, die meistens extrem bitter schmecken, wenn sie sich bereits bei nach Fleisch oder Vanille schmeckenden Fertigarzneimitteln schon so anstellen?

Die Antwort ist überraschend einfach: Viele Katzen nehmen im Krankheitsfall Kräuter freiwillig auf. Dafür verantwortlich sind zwei Mechanismen, die sogenannte Bitterstofftoleranz und die Fähigkeit zur Selbstmedikation.

Bitterstofftoleranz

Bitterstoffe (Tannine) sind in der Pflanzenwelt häufig ein Zeichen für Giftigkeit und werden deshalb von den meisten Tieren gemieden. An kranken Wildtieren, z. B. Hirschen und Affen, hat man jedoch beobachtet, dass diese im Krankheitsfall auch bittere Pflanzen zu sich nehmen.

Die Beobachtungen an Wildtieren hat man zum Anlass genommen, um die Bitterstofftoleranz bei Mäusen, Wiederkäuern, Menschen und anderen Säugetieren experimentell zu untersuchen. Es zeigte sich, dass im Krankheitsfall Bitterstoffe nicht nur in höherem Maße akzeptiert, sondern bei Tieren auch gezielt verzehrt wurden. Auch Katzen haben im Krankheitsfall eine erhöhte Bitterstofftoleranz.

Fähigkeit zur Selbstmedikation

Unter Selbstmedikation verstehen wir die im Krankheitsfall gezielte Aufnahme von Substanzen, die nicht zum normalen Nahrungsspektrum einer Tierart gehören und deren Konsum zu einer Heilung oder Symptomlinderung führt. Dies kann bei wild lebenden Tieren immer wieder beobachtet werden. Zum Beispiel fressen Nashörner mit starkem Durchfall große Mengen der adstringierenden Mangrovenrinde. Auch bei wild lebenden Tigern ist die Fähigkeit zur Selbstmedikation schon beobachtet worden: Bei starkem Wurmbefall fressen sie gezielt größere Mengen unverdauliches Gras, welches

Grasfressen als Verdauungshilfe

sich um die im Darm lebenden Würmer wickelt, sodass diese mit dem Kot ausgeschieden werden.
Die grundsätzliche Fähigkeit zur Selbstmedikation ist auch in unseren Hauskatzen noch erhalten. Immer wieder beobachten wir, dass unsere Katzen bei Übelkeit große Mengen Gras fressen, welches anschließend inklusive der Übelkeit auslösenden Ursache erbrochen wird.
Wenn Sie Ihre Katze mit Heilpflanzen behandeln, werden Sie erleben, dass die Fähigkeit zur Selbstmedikation Ihrer Katze sich nicht nur auf Gras und Erbrechen beschränkt. Viele, aber leider nicht alle Katzen wissen instinktiv, ob und wie lange sie ein Arzneimittel oder eine Heilpflanze wirklich benötigen.

INFO

FALLBERICHT: KATER »CALIMERO« MIT ZAHNFLEISCHENTZÜNDUNG

Calimero verweigerte für mehrere Tage sein Futter, zeigte aber durch fortwährendes Betteln, dass er durchaus Hunger hatte. Sein Zahnfleisch war hochrot, fast blutig, und bei Berührung des Zahnfleisches zuckte der Kater fauchend zurück. Die Zähne selbst waren jedoch ohne Zahnstein und sahen gesund aus. Die Besitzerin streute getrockneten Spitzwegerich über das Futter, welches anstandslos von Calimero gefressen wurde. Bereits am vierten Tag verweigerte Calimero die Kräuter, fraß aber ohne Probleme normales Futter. Bei Kontrolle des Zahnfleisches zeigte sich, dass die Entzündung komplett verschwunden war.

EXTRA: Katzenpsyche – das Verhalten unserer Lieblinge verstehen

Obwohl unsere Hauskatzen als domestiziert gelten, haben sie sich viele ihrer ursprünglichen Verhaltensweisen erhalten und können bei Bedarf menschenunabhängig leben. Während verwilderte herrenlose Hunde häufig die Nähe der Menschen suchen, um sich von ihren Abfällen zu ernähren, stellt es für Katzen scheinbar kein Problem dar, wieder zum vorsichtigen Jäger zu werden, der jeglichen Menschenkontakt meidet.

Arttypisches Verhalten

Das Wissen um die angeborenen Verhaltensweisen einer Katze erleichtert nicht nur das Zusammenleben, sondern hilft auch, den Alltag unserer Katze verhaltensgerechter und gesünder zu gestalten.

Tagesablauf einer wild lebenden Katze

Um ihren Nahrungsbedarf zu decken, muss eine wild lebende Katze circa acht bis zwölf Mäuse am Tag erlegen und fressen. Dementsprechend ausgeprägt ist ihr Jagdinstinkt. Für diesen Jagdinstinkt spielt die Bewegung der Beute eine große Rolle, das heißt, Katzen fressen in der Regel keine toten oder gar verwesenden Tiere. Aber ihr Stoffwechsel ist darauf angewiesen, mehrmals am

Tag kleine Mengen an Nahrung zu sich zu nehmen. Der ausgeprägte Jagdinstinkt und der Bedarf nach ständiger Energiezufuhr sind die Gründe, weshalb Katzen trotz grundsätzlich ausreichendem Futterangebot jagen.
Den Rest des Tages verbringen Katzen in der Regel damit, an einem gut geschützten Platz zu ruhen. Für die meisten Katzen sind dies erhöhte Liegeplätze, von denen sie eine gute Sicht auf die Umgebung haben. Andere Katzen bevorzugen höhlenartige Verstecke.

Territoriales Verhalten

Katzen leben ortsgebunden in einem festen Revier, das sie innerhalb weniger Minuten durchqueren können. Innerhalb ihres Territoriums wird alles, was »fremd« riecht, mit Kot, Urin und Reiben des Kopfes markiert. Kot und Urin werden daher in der Regel nicht an der gleichen Stelle wie am Tag zuvor vergraben, sondern an anderen Stellen. Dies führt dazu, dass Katzen übervolle Katzentoiletten meiden und stark »fremd« riechende Dinge, wie die nach Weichspüler duftende frisch gewaschene Wäsche oder die verschwitzten Turnschuhe von Besuchern markieren.
Die Möglichkeit des Grabens in der Katzentoilette ist der Hauptgrund, weshalb Katzen diese überhaupt mit großer Begeisterung nutzen. Viele reine Hauskatzen benötigen zudem mindestens zwei Toiletten, da es zeitlich in der Regel nicht möglich ist, diese nach jedem Besuch zu reinigen.

Einzelgänger versus Rudeltier

Man dachte bis vor wenigen Jahren, dass unsere Hauskatzen ausschließlich territoriale Einzelgänger seien. Neuere Verhaltensstudien haben jedoch gezeigt, dass unsere Hauskatzen zwar territorial leben, aber auch zur Rudelbildung fähig sind. Unter einem Rudel versteht man eine Gruppe zusammen lebender Artgenossen, zwischen denen neben einer soziale Beziehung auch eine Aufgabenteilung besteht. Diese Aufgaben können zum Beispiel die Nahrungsbeschaffung, die Verteidigung gegen Feinde und schlichtendes Verhalten innerhalb des Rudels sein.

Das Bedürfnis nach sozialen Kontakten kann man nicht nur an der Trauer beim Verlust eines langjährigen Artgenossen, sondern auch an vielen Verhaltensweisen unserer Hauskatzen ablesen.

Katerfreundschaften

Ein Beispiel für Team- bzw. Rudelbildung sind Katerfreundschaften. Viele Freigänger oder wild lebende Kater suchen sich in ihrer zweiten Lebenshälfte einen jungen Kater als Freund beziehungsweise umgekehrt. Diese beiden Kater sieht man oft jahrelang gemeinsam durch die Felder streifen, und man kann beobachten, wie der ältere dem jüngeren Jagdtechniken beibringt.

Mehrkatzenhaushalt

Bei Freigängerkatzen stellt Artgenossenkontakt in der Regel kein Problem dar. Besonders bei reinen Hauskatzen sollte jedoch überlegt werden, ob es möglich ist, mindestens zwei Katzen zu halten, um seiner Katze soziale Kontakte zu Artgenossen zu ermöglichen. Voraussetzung für ein reibungsloses Zusammenleben sind selbstverständlich genügend Platz und eine ausreichende Auswahl an Kletter- und Versteckmöglichkeiten. Auch mindestens eine Katzentoilette pro Katze sollte vorhanden sein.

Stress

Obwohl unsere freiheitsliebenden und willensstarken Stubentiger auf den ersten Blick sehr widerstandsfähig wirken, haben sie eine sehr empfindsame Psyche. Sie reagieren sensibel gegenüber Stress und können in der Folge nicht nur Verhaltensauffälligkeiten, sondern auch körperliche Erkrankungen entwickeln.

Stressursachen

Stress kann bei Katzen vielfältige Ursachen haben. Besonders Umgebungsveränderungen und nicht-verhaltensgerechte Haltung spielen hier eine Rolle.

Umgebungsveränderungen

Wie oben bereits beschrieben sind Katzen territoriale, also ortsgebundene Tiere. Werden sie durch einen Umzug oder einen Besitzerwechsel zu einem Ortswechsel gezwungen, empfinden Katzen das als äußerst belastend.
Doch nicht nur ein Ortswechsel, auch Veränderungen innerhalb des Territoriums werden als irritierend empfunden. Hierzu zählen zum Beispiel der Verlust oder das Hinzukommen von menschlichen und tierischen Familienmitgliedern. Aber auch das Umstellen eines Möbelstücks, ein geänderter Platz für die Katzentoilette, geänderte Arbeitszeiten, Übernachtungsbesuche und viele andere Kleinigkeiten, die von uns vielleicht als unbedeutend empfunden werden, stellen für Katzen einen erheblichen Eingriff in ihr Territorium dar – selbst wenn die Veränderungen eigentlich positiv sind, wie beispielsweise ein neuer Kratzbaum oder mehr Zeit.
Leider können wir unserer Katze nicht jede Veränderung ersparen. Wichtig ist es in solchen Fällen, Geduld und Verständnis für das Tier zu haben. Nach sechs bis acht Wochen haben die meisten Katzen sich an eine veränderte Umgebungssituation gewöhnt.

Nicht-verhaltensgerechte Haltung

Auch unter einer nicht-verhaltensgerechten Haltung können wir viele Stressoren finden, die zu Verhaltensstörungen und körperlichen Erkrankungen führen können. Zu einer artgerechten Haltung zählen Befriedigung des Jagdtriebes (gegebenenfalls durch Spielen), mehrmals tägliche Fütterung, erhöhte Liegeplätze mit Aussicht, versteckte höhlenartige Ruheplätze, eine ausreichende Anzahl regelmäßig gereinigter Katzentoiletten und der Artgenossenkontakt.

Stressbedingte Erkrankungen

Unter Stress können Katzen nicht nur Verhaltensveränderungen, sondern sogar körperliche Krankheiten entwickeln. Besonders häufig treten **Stubenunreinheit**, **psychogene Leckalopezie** (→ Seite 37), **Selbstverletzung** (→ Seite 40) und **chronisch wiederkehrende Harnwegsentzündungen** (→ Seite 26 f.) auf.
Bei all diesen Erkrankungen ist es wichtig, sich selbst und die Umgebung seiner Katze auf auslösende Stressoren zu überprüfen und diese abzustellen. Ohne Beseitigung der Ursache ist eine Therapie nicht Erfolg versprechend.

Häufige Symptome und Erkrankungen der Katzen

Viele Erkrankungen Ihrer Katze können Sie selbst effektiv mit Heilpflanzen therapieren oder die Therapie nach Diagnose durch einen Tierarzt oder -heilpraktiker erfolgreich mit Heilpflanzen unterstützen.
Im folgenden Kapitel werden die häufigsten Symptome und Erkrankungen Ihrer Katze thematisch geordnet beschrieben. Neben Hinweisen zur Therapie erhalten Sie auch Informationen, wann ein Besuch beim Tierarzt oder Tierheilpraktiker unumgänglich ist.

TIPP

Die Details und Dosierungen der genannten Heilpflanzen erfahren Sie in den Heilpflanzenprofilen ab Seite 74. Suchen Sie im Zweifelsfall oder bei Fragen, die die Gesundheit Ihrer Katze betreffen, immer einen Tierarzt oder eine Tierärztin bzw. Heilpraktikerin auf.

Atmungsorgane

Zu den Atmungsorganen gehören die Nase, der Rachen, die Luftröhre und die Lunge. Symptome, die auf Erkrankungen in diesen Organen hindeuten, sind Husten und Würgen, Niesen und Nasenausfluss.

Husten und Würgen

Katzen zeigen nur selten Husten. Häufiger ist es, dass Katzen würgen, als wollten sie etwas Störendes im Rachenbereich loswerden. Husten und Würgen können auch gemeinsam auftreten und sind Abwehrstrategien, um die Atemwege von Fremdkörpern, Schleim, reizenden Substanzen oder Infektionserregern zu befreien. Ein kurzzeitiges Würgen oder Husten ist noch nicht gleichzusetzen mit einer Erkrankung. Würgt Ihre Katze mehrmals am Tag, sind oft Entzündungen im Hals und Rachen die Ursache, und die Behandlung erfolgt nach den Prinzipien des Katzenschnupfens (→ Seite 23 f.). Zusätzlich können **Spitzwegerich** oder **Eibisch** gegeben werden, die sich schützend auf die Rachenschleimhaut legen.
Sollte Würgen oder Husten von Atemnot oder vermindertem Allgemeinbefinden begleitet sein, Ihre Katze nicht enden wollende Hustenanfälle haben, der ausgespuckte Schleim blutig sein oder sie länger als eine Woche Symptome zeigen, sollten Sie einen Tierarzt oder Tierheilpraktiker kontaktieren, da auch Herzerkrankungen, Lungenentzündungen und -tumoren zu den beschriebenen Symptomen führen können.

Niesen und Nasenausfluss

Nicht jedes Niesen und jeder Nasenausfluss ist gleichbedeutend mit Katzenschnupfen. Zunächst einmal sind Niesen und Nasenausfluss als Abwehrstrategie zu verstehen, um die Atemwege von schädlichen Stoffen wie Staub, reizenden Gasen und Krankheitserregern zu befreien. Es ist also völlig normal, wenn Ihre Katze unter dem Sofa nach einem Spielzeug jagt und dort einen Niesanfall mit wässrigem Nasenausfluss bekommt. Behandlungsbedarf besteht in der Regel erst bei schleimigem bis eitrigem Nasenausfluss oder mehrmals täglichen Niesanfällen. Die Behandlung erfolgt wie unter Katzenschnupfen (→ unten) beschrieben.

Sollte Ihre Katze gleichzeitig vermindertes Allgemeinbefinden oder nicht enden wollende Niesanfälle zeigen, der Nasenschleim blutig sein oder Ihre Katze länger als eine Woche am Stück niesen, kontaktieren Sie bitte einen Tierarzt oder Tierheilpraktiker. Neben Katzenschnupfen können auch Fremdkörper in der Nase, Zahnerkrankungen, Gerinnungsstörungen und viele weitere Krankheiten die Ursache sein.

Katzenschnupfen

Obwohl das Wort Schnupfen harmlos klingt, verbirgt sich dahinter eine für Katzen ernsthafte, teilweise sogar tödlich verlaufende Erkrankung. Ausgelöst wird Katzenschnupfen durch Viren (meist Calici- oder Herpesviren), deren Symptome durch eine zusätzliche bakterielle

Infektion (z. B. Chlamydien) verschlimmert werden. Katzenschnupfen äußert sich in häufigem Niesen, eitrigem Nasenausfluss und Appetitlosigkeit. Zusätzlich können eitriger Augenausfluss, Husten und Atemnot auftreten. Viren als Infektionserreger können schulmedizinisch nur schwer therapiert werden. Hier stellt die Kombination aus **Sonnenhut** (abwehrsteigernd), **Holunder** (antiviral, schleimlösend), **Melisse** (antiviral) und **Schlüsselblume** (schleimlösend) eine effektive Behandlungsalternative dar. Die Heilung kann zusätzlich durch die Inhalation von **Kamille** unterstützt werden. Sind auch die Augen betroffen, bietet sich insbesondere **Augentrost** zu deren Behandlung an.

Auge

Die häufigste Erkrankung des Auges ist die Bindehautentzündung.

Bindehautentzündung

Bindehautentzündungen äußern sich in Rötung, vermehrtem, teils eitrigem Augenausfluss und Schmerzen beziehungsweise Brennen des Auges. Letzteres zeigen Katzen durch Zukneifen des Auges oder durch Reiben mit der Pfote oder an Gegenständen. Selbst eitrige Bindehautentzündungen können allein mit Heilpflanzen therapiert werden, wenn das Auge mehrfach täglich gespült wird. Besonders geeignet zur Therapie von Bin-

dehautentzündungen ist **Augentrost**, aber auch **Kamille** und **Ringelblume** können verwendet werden.
Wenn Ihre Katze starke Schmerzen zeigt, die Symptome sich unter Therapie verschlimmern oder der Augenausfluss länger als drei Tage anhält, sollten Sie einen Tierarzt oder Tierheilpraktiker konsultieren.

Bewegungsapparat

Zum Bewegungsapparat gehören die Knochen, Gelenke und Muskeln. Deren Erkrankungen äußern sich in der Regel mit Lahmheit und Schmerzen.

Arthrose

Arthrose ist eine degenerative Gelenkserkrankung, die meist bei älteren Katzen auftritt und nur durch einen Tierarzt oder Tierheilpraktiker diagnostiziert werden kann. Sie äußert sich in wiederkehrenden Lahmheiten und Schmerzen des Bewegungsapparates, die wetterabhängig auftreten können. Die Gelenkfunktion kann durch Ergänzungsfuttermittel, die Omega-3-Fettsäuren, Kollagen und Chondroitinsulfat bzw. Glucosamin enthalten, wirksam unterstützt werden.
Ist die Arthrose so weit fortgeschritten, dass eine entzündungshemmende Schmerztherapie notwendig ist, stehen mit **Weide** und **Brennnessel** wirksame Heilpflanzen zur Verfügung, die den Bedarf chemischer Entzündungshemmer ersetzen oder reduzieren können.

Akute Lahmheit

Plötzlich auftretende, leichte Lahmheiten, bei denen Ihre Katze das betroffene Bein aber noch deutlich belastet, sind häufig durch Verstauchungen und Prellungen verursacht. Diese können zu Entzündungen führen, die durch ständige Weiterbelastung an der Abheilung gehindert werden.

Suchen Sie das betroffene Bein nach Wunden ab, und versuchen Sie, den Auslauf Ihrer Katze weitestgehend zu reduzieren. Besonders bei Freigängerkatzen kann dies schwierig sein. Dann ist eine glückliche lahmende Katze auf Freigang besser als eine unglückliche eingesperrte Katze, die aus Verzweiflung die Gardine hochklettert, abstürzt und sich ernsthafte Verletzungen zuzieht. Sie können den Heilungsprozess mit **Weide** oder **Brennnessel** unterstützen.

Sollte sich die Lahmheit innerhalb einer Woche nicht bessern, sollten Sie einen Tierarzt, Tierheilpraktiker oder Tierphysiotherapeuten kontaktieren. Belastet Ihre Katze das betroffene Bein gar nicht oder kaum, sollten Sie umgehend einen Tierarzt konsultieren.

Harnwege

Harnwegsentzündungen äußern sich durch vermehrten Urinabsatz in kleinen Portionen, braunen bis blutigen Urin und Schmerzen beim Urinabsatz. Viele Katzen verweigern bei Harnwegserkrankungen ihre Katzentoilette

und urinieren daneben oder auf ungeeignete Plätze wie Sofa und Bett. Zur Diagnose ist eine Laboruntersuchung des Urins notwendig.
Es ist wichtig, zwischen Harnwegsinfektionen, Blasengrieß und nichtinfektiösen Entzündungen zu unterscheiden.

Nichtinfektiöse Harnwegsentzündungen

Bei Katzen stellen nichtinfektiöse Harnwegsentzündungen die häufigste Form der Harnwegserkrankungen dar und treten häufig chronisch oder in wiederkehrender Form auf. Sie werden auch als *FLUTD = Feline Lower Urinary Tract Disease* bezeichnet. Die häufigste Ursache für FLUTD ist Stress, wie bereits auf Seite 18 ff. beschrieben. Zur Therapie gehört immer auch das weitestgehende Abstellen der auslösenden Stressfaktoren. Zusätzlich können Sie Ihrer Katze während eines akuten Schubs durch ausreichende Flüssigkeitszufuhr und die Gabe von **Brennnessel** Linderung verschaffen.

Harnwegsinfektionen

Infektionen der Harnwege werden meist durch Bakterien verursacht, können bei Katzen aber ebenso parasitär oder mykotisch bedingt sein. Leichte bakterielle Infektionen können bei ausreichender Flüssigkeitszufuhr auch ohne synthetische Antibiotika mit **Goldrute** therapiert werden. Der Behandlungserfolg ist mittels Laboruntersuchung zu kontrollieren.

Nieren- und Blasengrieß (Urolithiasis)

In den Harnwegen können sich Grieß und Steine bilden, welche die Schleimhaut reizen, zu Harnwegsentzündungen und im schlimmsten Fall sogar zum Verschluss der Harnwege führen können. Als Besonderheit bei Katzen kann das Auftreten von Urolithiasis durch Stress ausgelöst werden. In den meisten Fällen können Grieß und Steine durch eine Diät, die auf deren Zusammensetzung abgestimmt sein muss, aufgelöst und ausgespült werden. Für die Bestimmung der notwendigen Diät ist die Untersuchung des Grießes beziehungsweise der Steine im Labor notwendig. Sie können die Auflösung der Steine durch harntreibende Heilpflanzen wie **Brennnessel** und **Goldrute** unterstützen.

Immunsystem

Das körpereigene Immunsystem schützt Ihre Katze gegen eindringende Krankheitserreger wie Bakterien, Viren, Pilze und Parasiten. Darüber hinaus schützt es vor Fremdsubstanzen und baut alte oder defekte körpereigene Zellen ab.

Wiederkehrende Infekte

Bei häufig wiederkehrenden Infektionen kann es sinnvoll sein, die körpereigene Abwehr durch eine 5- bis 10-tägige Kur mit Sonnenhut zu unterstützen. Die Kur kann drei- bis viermal pro Jahr wiederholt werden.

Freigänger haben häufiger Parasiten als Nicht-Freigänger.

Parasiten

Parasiten sind (sehr) kleine Tiere, die als Krankheitserreger in oder auf anderen Tieren leben und diese schädigen.

Giardien

Giardien sind einzellige Parasiten des Dünndarmes, die meistens symptomlos vorkommen, jedoch zu Appetitlosigkeit, Erbrechen und Durchfall führen können. Die Diagnose wird im Labor mittels Kotuntersuchung gestellt. In leichteren Fällen ist eine alleinige Therapie mit **Breitwegerich** (→ Seite 145) möglich. Bei chronisch wiederkehrendem Giardienbefall kann eine Kombination aus gleichen Teilen **Breitwegerich**, **Sonnenhut** und **Eibisch** verabreicht werden. Die Therapie sollte immer durch Probiotika und eine fettarme Diät unterstützt werden, und der Behandlungserfolg sollte im Labor kontrolliert werden. Entgegen früherer Annahmen sind Giardien nicht vom Tier auf den Menschen übertragbar.

Hautparasiten

Bei Katzen können eine Vielzahl unterschiedlicher Hautparasiten wie Flöhe, Zecken, Haarlinge und Milben vorkommen. Ein Befall führt in der Regel zu Juckreiz und Entzündungen der Haut. Die meisten pflanzlichen Ektoparasitika wirken über ihren Duft repellierend auf Hautparasiten und beugen so einem Befall vor. Viele Katzen empfinden den Geruch jedoch als unangenehm und reagieren mit Abwehrverhalten bei Anwendung und anschließendem übertriebenem Putzzwang. In diesen Fällen sollten Sie auf eine Anwendung verzichten. Unter den in diesem Buch geschriebenen Heilpflanzen können Sie **Lavendel** und **Melisse** bei Ihrer Katze ausprobieren.

Magen-Darm-Würmer

Im Darm von Katzen können eine Vielzahl unterschiedlicher Würmer parasitieren, die häufigsten sind Spul- und Bandwürmer. Sie führen zu Gewichtsabnahme bei oft gutem Appetit und äußern sich häufig in Erbrechen und/oder Durchfall. Eine gesunde Darmflora wirkt vorbeugend gegen Wurmbefall. Zur pflanzlichen Entwurmung bietet sich bei Katzen vor allem **Knoblauch** an. Der Behandlungserfolg sollte immer durch Kotuntersuchung im Labor überprüft werden.

Verdauungsorgane

Zu den Verdauungsorganen gehören die Mundhöhle mit Zähnen, die Speiseröhre, der Magen und der Darm. Typische Symptome bei Beschwerden können Appetitlosigkeit, Erbrechen, Durchfall und Blähungen mit krampfartigen Bauchschmerzen sein.

Blähungen (Meteorismus)

Blähungen gehen häufig mit starken Bauchschmerzen einher, welche auch von lebensgefährlichen Erkrankungen wie Darmverschluss oder Bauchfellentzündung ausgehen können. Aus diesem Grund ist die Abklärung durch einen Tierarzt häufig unumgänglich. Blähungen werden durch Aufnahme verdorbener (gärender) Futtermittel, Hülsenfrüchte oder durch falsche Zusammensetzung der physiologischen Darmflora verursacht. Neben krampfartigen Bauchschmerzen zeigen betroffene Tiere vermehrte Darmgeräusche und verstärkten Abgang von Darmwinden (»Pupsen«). Entkrampfend auf den Magen-Darm-Trakt wirken insbesondere **Kamille** und **Melisse**.

Durchfall

Unter Durchfall versteht man in der Tiermedizin nicht nur Kot flüssiger oder breiiger Konsistenz, auch übermäßig häufiger Kotabsatz wird als Durchfall bezeichnet. Am häufigsten entsteht Durchfall nach Aufnahme für Katzen nicht geeigneter Nahrungsmittel. Um den schädlichen Darminhalt so schnell wie möglich loszuwerden,

transportiert der Organismus Wasser in den Darm und steigert die Darmperistaltik. Durchfall ist also ein Mittel des Körpers, um sich selbst zu helfen, und sollte nicht durch stopfende Medikamente unterdrückt werden.
Da der Körper durch den Durchfall Wasser verliert und im schlimmsten Fall austrocknen kann, ist es sinnvoll, die Heilung zu unterstützen. Innerhalb der ersten 12–24 Stunden sollten Sie Ihre Katze fasten lassen, ihr also keinerlei Futter anbieten, damit der Darm nicht überfordert wird und sich erholen kann. In dieser Zeit können Sie ihr **Kamille** oder **Melisse** löffelweise als Tee anbieten und den Darm durch **Möhren** unterstützen. Sobald der Durchfall nachlässt, können Sie Ihre Katze mit Magen-Darm-Schonkost (→ Info Seite 33) füttern.
Wenn Ihre Katze neben Durchfall auch Apathie, Erbrechen und Appetitlosigkeit zeigt oder der Durchfall blutig ist, sollten Sie umgehend einen Tierarzt oder Tierheilpraktiker kontaktieren. Bitte wenden Sie sich auch an Ihren Tierarzt oder Tierheilpraktiker, falls der Durchfall Ihrer Katze sich nicht innerhalb von drei Tagen bessert oder nach wenigen Tagen wiederkehrt.

Erbrechen

Ebenso wie Durchfall ist auch Erbrechen eine Selbstheilungsform des Körpers, um schädliche oder unverdaute Nahrung so schnell wie möglich wieder loszuwerden. Demzufolge ist auch die Therapie sehr ähnlich. Innerhalb der ersten 12–24 Stunden sollten Sie Ihre Katze

INFO

MAGEN-DARM-SCHONKOST

Bei Magen-Darm-Erkrankungen ist es wichtig, den Verdauungstrakt der Katzen zu entlasten, um ihm die Möglichkeit zur Regeneration zu geben. Magen-Darm-Schonkost ist fettarm und leicht verdaulich. Für Katzen eignen sich Naturjoghurt, Magerquark, Hüttenkäse und gekochtes weißes Fleisch (Huhn, Pute, Kalb oder Kaninchen). Beginnen Sie mit 1 TL und steigern Sie die Futtermenge langsam. In den ersten drei Tagen sollten Sie die Futtermenge auf mindestens 4–5 Mahlzeiten pro Tag aufteilen.

ebenfalls fasten lassen, das heißt, ihr keinerlei Futter anbieten, damit der Magen nicht überfordert wird und sich erholen kann. Während dieser Phase können Sie ihr auf einem kleinen Löffel **Kamillentee** anbieten. Sobald Ihre Katze mehrere Stunden nicht mehr erbrochen hat, können Sie ihr kleine Portionen Magen-Darm-Schonkost anbieten (→ oben).

Magengeschwür und -schleimhautentzündung

Magenschleimhautentzündungen äußern sich mit Schmerzen nach der Futteraufnahme, Appetitlosigkeit und gegebenenfalls auch mit Erbrechen. Häufig ist das

Erbrochene dann blutig und deshalb von rosa Schlieren durchzogen oder von stecknadelkopfgroßen Blutkoageln durchsetzt. Als Ursache kommen Infektionserreger, Gifte, unverträgliches Futter oder Stress infrage.
Bei einem Magengeschwür ist die Entzündung so stark, dass die oberen Schichten der Magenwand bereits zerstört sind.
Magenschleimhautentzündungen und -geschwüre gelten in der Schulmedizin als schwer therapierbar. **Kamille** und **Eibisch** sind pflanzliche Alternativen, die in mehreren Vergleichsstudien mindestens so effektiv waren wie chemische Arzneimittel. Sie können die Therapie zusätzlich durch die Fütterung von Magen-Darm-Schonkost unterstützen.
Wichtig: Die Therapie von Magenschleimhautentzündungen und -geschwüren sollte immer unter Anleitung eines Tierarztes oder Tierheilpraktikers erfolgen.

Verstopfung

Bei Verstopfung wird der Kot nicht abgesetzt, sondern sammelt sich im Enddarm. Ursache hierfür können übermäßige Aufnahme von Knochen, Sand oder anderen trockenen Futterbestandteilen, aber auch Schmerzen beim Kotabsatz sein. Betroffene Katzen versuchen ständig, aber erfolglos, Kot abzusetzen. Um den Kot aufzuweichen und den Kotabsatz bei leichten Verstopfungen beziehungsweise vorbeugend zu unterstützen, eignen sich Pflanzenöle. 0,5–1 ml Pflanzenöl pro 1 kg Körperge-

wicht kann pur oder mit etwas Futter gemischt angeboten werden.
Eine Verstopfung kann zu einem Darmverschluss führen und dann lebensgefährlich sein, was sich in schlechtem Allgemeinbefinden, Erbrechen und Appetitlosigkeit äußert. Bitte kontaktieren Sie in diesen Fällen einen Tierarzt. Auch wenn die Verstopfung bei gutem Allgemeinbefinden länger als 24 Stunden anhält, sollten Sie einen Tierarzt kontaktieren. Von Verstopfung zu unterscheiden sind häufige Kotabsatzversuche bei Durchfall: Betroffene Katzen verlieren dann bei den Absatzversuchen zumindest tropfenweise flüssigen Kot.

Zahnfleischentzündung

Zahnfleischentzündungen können im Zahnwechsel, nach Verletzungen in der Mundhöhle und bei Zahnstein bzw. Parodontitis auftreten und führen zu Rötungen in der Mundhöhle, Schmerzen bei der Futteraufnahme, fauligem Mundgeruch und gegebenenfalls zu Appetitlosigkeit. Die Entzündung kann durch **Spitzwegerich** oder **Kamille** behandelt werden.
Bei Zahnerkrankungen als Entzündungsursache sollten diese jedoch für eine erfolgreiche Therapie ebenfalls behandelt werden. Sind die Zahnschmerzen so stark, dass Ihre Katze appetitlos ist oder Futter beim Kauen fallen lässt, sollten Sie sich an einen Tierarzt oder Tierheilpraktiker wenden. Ebenso, wenn leichte Zahnfleischentzündungen länger als eine Woche anhalten.

Verhaltensstörungen und Nervensystem

Verhaltensänderungen treten bei Katzen sehr häufig auf und sind meist stressbedingt; lesen Sie dazu auch Seite 19 f. Eine Ausnahme bildet die alzheimerähnliche Erkrankung der älteren Katze, die mit Veränderungen im Gehirn einhergeht.

Alzheimerähnliche Erkrankung

Viele ältere Katzen leiden an einer alzheimerähnlichen Erkrankung, was sich in räumlicher und/oder zeitlicher Orientierungslosigkeit äußert. Betroffene Katzen vergessen, dass sie gerade gefressen haben, und betteln um Futter, wecken uns nachts auf der Suche nach Beschäftigung oder finden den Weg zur Katzentoilette oder zu ihrem Lieblingsplatz nicht mehr. **Ginkgo** fördert die Durchblutung des Gehirns und kann die Gehirnleistung nachhaltig verbessern. Besonders wenn der Tag-Nacht-Rhythmus gestört ist, kann auch **Johanniskraut** hilfreich sein.

Angst

Panische Angstzustände, die damit einhergehen können, dass die Katze sich wochenlang in einer dunklen Ecke verkriecht, das Futter verweigert oder reflexartig Kot oder Urin absetzt, treten besonders bei Katzen auf, die vorher (halb) wild gelebt und/oder schlechte Erfahrungen mit Menschen gemacht haben. Aber auch nach einem Umzug oder dem Einzug neuer Familienmitglieder können Angstzustände auftreten. Sie können Ihre Katze in diesen Fällen mit **Johanniskraut**, **Lavendel** und **Melisse** unterstützen, um ihr Vertrauen langsam wieder aufzubauen.

Felines Hyperästhesie-Syndrom

Unter Hyperästhesie verstehen wir übertriebene Reaktionen auf leichte Berührungen. Viele betroffene Katzen reagieren mit massiven Zuckungen bis hin zu aggressiven Abwehrreaktionen beim Streicheln des hinteren Rückens. Aber auch andere Stellen können überempfindlich sein. Auslöser sind häufig Flohbefall, elektrische Schläge (Weidezaun) oder Traumata des Rückens. Die Erkrankung verselbstständigt sich jedoch meist. Eine Therapie mit **Johanniskraut** führt häufig zur Linderung beziehungsweise Heilung.

Psychogene Leckalopezie

Die psychogene Leckalopezie äußert sich in Putzzwang und gehört somit zu den Zwangshandlungen. Betroffene Katzen putzen sich so intensiv, dass es zum Haarverlust kommt. Besonders häufig betroffen sind der hintere Bauch und Innenschenkelbereich.
Häufig tritt die Leckalopezie im Anschluss an eine Hauterkrankung auf, die zu Juckreiz führt. Besonders bei zusätzlichem Stress verselbstständigt sich das Verhalten jedoch leicht. Nach Abstellung der Stressursache können Sie die Heilung mit **Johanniskraut** wirksam unterstützen.

Wunden

In der Wundtherapie werden Verletzungen anhand ihrer Entstehungsgeschichte unterschieden und therapiert.

Abszesse

Unter Abszessen verstehen wir mit Eiter gefüllte Hohlräume. Diese bilden sich häufig bei ungenügend gereinigten infizierten Wunden unter anderem nach Bissverletzungen. Durch Umschläge mit **Eibisch** kann die Haut aufgeweicht werden, sodass der Abszess aufbricht, der darin enthaltene Eiter abfließen und die Verletzung schließlich heilen kann.

Frische Wunden

Alle frischen Wunden, auch wenn sie noch so harmlos aussehen, sollten immer gereinigt und desinfiziert werden, um eine Infektion zu verhindern. Hierzu werden die Wunden zuerst mit klarem Wasser von sichtbaren Verschmutzungen befreit. Anschließend werden die Wunden mit desinfizierenden und heilungsfördernd wirkenden Heilpflanzen gespült. Hier eignet sich insbesondere die **Ringelblume**, aber auch **Kamille** oder **Spitzwegerich** können zur Wundreinigung wunderbar verwendet werden.
Bei großflächigen oder tiefen Wunden oder falls die Wundränder auseinanderklaffen, sollten Sie immer einen Tierarzt konsultieren.

Bissverletzungen

Bissverletzungen stellen eine Sonderform der frischen Wunden dar. Oberflächlich sind häufig nur harmlos aussehende kleine Löcher zu sehen, doch durch die spitzen Zähne werden Bakterien tief unter die Haut oder in den Körper verbracht. Zuerst scheinen die kleinen Verletzungen problemlos abzuheilen. Aber nach ein paar Tagen bilden sich Abszesse, die im ungünstigsten Fall zu einer Sepsis und zum Tod der Katze führen können. Aus diesem Grund müssen Bissverletzungen besonders gründlich gespült werden, was häufig ohne tierärztliche Hilfe nicht möglich und sinnvoll ist. Auch um Verletzungen tiefer liegender Schichten, zum Beispiel der Bauchhöhle, auszuschließen, die dann gegebenenfalls nicht mit für Laien zugänglichen Mitteln gespült werden dürfen, sollten Sie bei Bissverletzungen einen Tierarzt aufsuchen.

Katzen beim Revierkampf

Leichte Brandwunden

Brandwunden sind ebenfalls eine Sonderform der frischen Wunden. Kleinere Verbrennungen, die mit Rötung, Schwellung oder weißer Blasenbildung einhergehen, können mit **Johanniskraut** hervorragend behandelt werden. Bei großflächigen oder schwarzen Brandwunden müssen Sie mit Ihrer Katze dringend einen Tierarzt aufsuchen.

Schlecht heilende Wunden und Automutilation

Besonders bei Katzen treten schlecht heilende Wunden sehr häufig auf. Ein ursprünglich harmloser Kratzer wird in der Heilungsphase, wenn die Wunde zu jucken beginnt, immer wieder aufgekratzt, bis mehrere Zentimeter große haarlose, blutige Areale entstehen. Dieser Prozess wird auch als Automutilation (Selbstverletzung) bezeichnet und tritt meist stressbedingt auf.

Schlecht heilende Wunden sollten immer von einem Tierarzt oder Tierheilpraktiker auf Infektionen, Fremdkörper oder Tumoren als mögliche Ursache untersucht werden. Sind diese Ursachen ausgeschlossen oder beseitigt, kann die Heilung besonders gut durch **Johanniskraut** unterstützt werden. Auch bei schlecht heilenden Wunden durch immunologische Erkrankungen, wie *Eosinophilem Granulom* oder *Pemphigus*, kann Johanniskraut die Heilung wirksam unterstützen.

Weitere wirksame Heilpflanzen bei schlecht heilenden Wunden sind **Eibisch** und **Sonnenhut**.

Gegebenenfalls kann die Heilung durch die innerliche Anwendung beruhigend wirkender Heilkräuter wie **Johanniskraut** und **Lavendel** unterstützt werden.

INFO

UNTERSTÜTZENDE THERAPIE BEI SCHWERWIEGENDEN ERKRANKUNGEN

Auch bei vielen schwerwiegenden Erkrankungen ist eine unterstützende Therapie mit Heilpflanzen möglich. Die unterstützende Therapie führt zu einer beschleunigten Heilung oder einem verminderten Medikamentenbedarf. Krankheits- und fallabhängig kann sogar eine alleinige Therapie mit Heilpflanzen möglich sein. Aufgrund der Schwere der Erkrankungen sollte die Therapie jedoch immer unter Anleitung und stetiger Kontrolle durch einen Tierarzt oder -heilpraktiker erfolgen.
Zu den schwerwiegenden Erkrankungen, bei denen eine unterstützende Therapie mit Heilpflanzen sinnvoll sein kann, zählen unter anderem folgende:

Erkrankung	Geeignete Heilpflanzen
Bandscheibenvorfall	Johanniskraut, Weide, Brennnessel
Herzinsuffizienz	Weißdorn
Leber- und Gallenerkrankungen	Mariendistel
Tumorerkrankungen	Mistel

Basiswissen Heilpflanzen

In diesem Teil erhalten Sie neben wertvollen Informationen über die Wirkweise der Pflanzen Anleitungen zum Selbstsammeln und Zubereiten.

Inhaltsstoffe von Heilpflanzen

Jede einzelne Heilpflanze enthält eine Vielzahl unterschiedlicher Nährstoffe, Mineralstoffe, Spurenelemente und Vitamine. Einige dieser Inhaltsstoffe haben eine medizinische Wirkung, andere spielen vor allem eine ernährungsphysiologische Rolle. Die Wirkung einer Heilpflanze beruht also immer auf der Wirkung mehrerer Inhaltsstoffe zusammen, die auf unterschiedliche Art und Weise interagieren.

- Sie können synergistisch wirken, sodass die medizinische Wirkung der gesamten Heilpflanze größer ist als die ihrer Einzelsubstanzen. Dies trifft zum Beispiel auf die Brennnessel zu, die mehrere entzündungshemmende Substanzen enthält.
- Sie können sich in ihrer Wirkung ergänzen. Die Goldrute enthält beispielsweise antibakterielle, harntreibende und krampflösende Wirkstoffe, was sie zu einem idealen Therapeutikum von Blaseninfektionen macht.
- Sie können ihre eigenen Nebenwirkungen kompensieren, ohne ihre Wirkung zu beeinträchtigen. Die Schleimstoffe der Kamille legen sich zum Beispiel schützend auf die Schleimhaut im Magen-Darm-Trakt.
- Andere Wirkstoffe werden erst im Körper in ihre wirksame Form überführt, wodurch Nebenwirkungen im Magen-Darm-Trakt vermieden werden. Dies trifft zum Beispiel auf die Silberweide zu.

Zusammenfassend haben Heilpflanzen durch die in ihnen enthaltenen Wirkstoffe ein heilkräftiges Potenzial, dass vielen chemischen Heilmitteln ebenbürtig ist, aber in der Regel zu deutlich weniger Nebenwirkungen führt.

Wirkstoffgruppen

Anhand ihrer chemischen Eigenschaften werden die Wirkstoffe in verschiedene Gruppen eingeteilt. In einigen Fällen (z. B. Schleimstoffe) hilft die Kenntnis ihrer chemischen Eigenschaften, um ihre Wirkung zu verstehen. Diese Wirkstoffgruppen werden im Folgenden ausführlicher beschrieben.
In anderen Fällen haben die Wirkstoffe trotz ihrer chemischen Ähnlichkeit im Körper sehr unterschiedliche Effekte. Diese Wirkstoffgruppen werden nur kurz mit ihren wichtigsten Eigenschaften genannt.

Bitterstoffe

Bitterstoffe können fett- und auch wasserlöslich sein. Ihr bitterer Geschmack fördert die Sekretion von Speichel, Magensaft und Galle. Bitterstoffreiche Pflanzen, wie z. B. Wermut, wirken appetitsteigernd und verdauungsfördernd bei Beschwerden im Magen-Darm-Trakt.

Gerbstoffe

Pflanzliche Gerbstoffe sind schwach saure, wasserlösliche Substanzen. Sie werden nicht resorbiert, sondern wirken lokal, indem sie in den oberen Haut- und

Schleimhautschichten Eiweißmoleküle vernetzen. Dadurch entsteht eine weitgehend undurchlässige Schicht (Membran). Diese Membran schützt den Körper vor Bakterien und giftigen Substanzen, wirkt schwach lokalanästhetisch und reduziert den Flüssigkeitsverlust, z. B. bei Durchfällen. Gerbstoffe binden außerdem Schwermetalle und Alkaloide, weshalb sie bei Vergiftungen als Gegengift (Antidot) angewendet werden können.

Saponine

Saponine sind Substanzen, die sowohl einen wasserlöslichen als auch einen fettlöslichen Anteil besitzen, sodass sie als Lösungsvermittler zwischen wasser- und fettlöslichen Substanzen dienen. Sie werden nur im geringen Maße vom Körper aufgenommen und entfalten ihre Wirkung vor allem lokal. Sie werden häufig zum Schleimlösen bei Entzündungen der oberen Atemwege eingesetzt (z. B. Schlüsselblume).

Schleimstoffe

Bei den Schleimstoffen handelt es sich in der Regel um lange, weit verzweigte Ketten aus Zuckermolekülen (Polysacchariden). Obwohl sie aus Zuckermolekülen bestehen, sind sie weitestgehend geschmacklos. Unter Zugabe von Wasser wird dieses zwischen den Ketten eingelagert, die Polysaccharide quellen und bilden einen gelartigen oder zähen Schleim. Dieser legt sich reizmildernd und entzündungshemmend auf Haut und

Schleimhaut. Sie finden Verwendung bei trockenem Reizhusten, Entzündungen der Mund- und Rachenschleimhaut, stark juckenden Ekzemen, Magenschleimhautentzündungen und -geschwüren sowie bei Verstopfung. Beispiele für schleimstoffreiche Heilpflanzen sind Leinsamen, Malve und Spitzwegerich. Einige Schleimstoffe wirken zusätzlich immunstimulierend.

Weitere Wirkstoffgruppen

Alkaloide: Sie sind wasserlöslich und häufig giftig, weshalb alkaloidreiche Pflanzen nicht von Laien angewendet werden sollten.

Ätherische Öle: Sie sind fettlöslich und leicht flüchtig, das heißt, sie verdunsten bei langer Lagerung.

(Pflanzliche) Fette: Sie sind fettlöslich und im Gegensatz zu den ätherischen Ölen nicht leicht flüchtig.

Flavonoide: Sie sind wasserlöslich und wirken in der Regel entzündungshemmend.

Phenylpropanderivate: Sie sind meist fettlöslich mit sehr unterschiedlichen Wirkungen.

Polyketide: Sie sind meist wasserlöslich mit sehr unterschiedlichen Wirkungen.

Scharfstoffe: Sie sind durchblutungsfördernd.

Steroidglykoside: Sie sind fettlöslich und häufig giftig, weshalb steroidreiche Pflanzen nicht von Laien angewendet werden sollten.

Terpene: Sie sind fettlöslich mit sehr unterschiedlichen Wirkungen.

Heilpflanzen selbst gewinnen

In diesem Kapitel erhalten Sie Informationen darüber, was Sie beim Eigenanbau, Sammeln und Erwerb von Heilpflanzen beachten müssen.

Eigenanbau

Wenn man die Möglichkeit dazu hat, ist der Anbau von Heilpflanzen im eigenen Garten empfehlenswert. Dies muss nicht mehr Arbeit bedeuten, ganz im Gegenteil: Viele der Heilpflanzen, wie die Brennnessel und der Spitzwegerich, werden im Garten als Unkräuter verschmäht und regelmäßig gejätet, ausgestochen oder abgemäht. Wenn Sie stattdessen die Pflanzen einfach wachsen lassen, verwandelt sich Ihr Garten innerhalb kurzer Zeit in eine grüne Hausapotheke.

INFO

SAMENKUNDE

Bei der Auswahl der Samen ist darauf zu achten, dass sie für den Anbau als Heilpflanze geeignet sind. Viele der im Handel befindlichen Samen gehören zu auf Aussehen gezüchteten Gartenvarietäten und eignen sich leider nicht zur therapeutischen Verwendung. Mögliche Anbieter von Heilpflanzensamen finden Sie im Anhang auf Seite 156.

Aber auch für andere Arten kann der Anbau im Garten durchaus sinnvoll sein, um sie jährlich in guter Qualität ernten zu können. Für geschützte Pflanzen ist der Eigenanbau neben dem Erwerb getrockneter Kräuter sogar die einzige Möglichkeit, sie als Heilpflanze anwenden zu können.

Sammeln

Auch in Wäldern und an Wiesenrändern sind viele der hier vorgestellten Heilpflanzen zu finden. Wenn Sie diese sammeln möchten, ist es jedoch wichtig, ein paar Regeln zu beachten.

Eignung zur Wildsammlung

Einige Pflanzen weisen stark schwankende Wirkstoffgehalte auf, abhängig vom Wachstumsort. Um einen therapeutischen Effekt zu erzielen, ist es sinnvoller, auf geprüfte Heilkräuter in Arzneibuchqualität zurückzugreifen.
Zum Beispiel Pfefferminze: In Arzneitees ist ein Mindestgehalt von 1,2 % ätherischen Ölen vorgeschrieben und für die medizinische Wirksamkeit auch sinnvoll. Kommerziell erhältliche »Lebensmitteltees« und Pfefferminze aus dem eigenen Garten oder Wald enthalten jedoch häufig nur 0,6 % ätherische Öle.
Im jeweiligen Heilpflanzenprofil finden Sie einen Hinweis darüber, bei welchen Heilpflanzen Sie lieber auf die Sammlung in der Natur verzichten sollten.

Sichere Identifizierbarkeit

Viele Heilpflanzen haben »Doppelgänger«. Diese können mit ihnen verwandt sein und eine ähnliche Wirkung haben. Aber diese Doppelgänger können auch wirkungslos oder gar hochgiftig sein (→ Seite 154 f.). Aus diesem Grund ist es sehr wichtig, dass man in der Natur nur die Pflanzen sammelt, die man ganz sicher erkennen kann.

Saubere Umgebung

Heilpflanzen sollte man an Orten sammeln, die möglichst frei von Umweltgiften sind, also nicht neben Straßen, auf (ehemaligen) Mülldeponien oder in Industriegebieten liegen. Geeignet sind abgelegene Waldgebiete und ungedüngte Wiesen.

Geschützte Pflanzen und Naturschutzgebiete

Einige Heilpflanzen sind geschützt, das heißt, sie dürfen in der Natur nicht gesammelt werden. Dies ist im Profil der jeweiligen Heilpflanzen vermerkt. Diese Pflanzen können jedoch im eigenen Garten angebaut oder in Apotheken bzw. Reformhäusern in getrockneter Form erworben werden.

In Naturschutzgebieten ist das Sammeln jeglicher Pflanzen strengstens untersagt.

Der richtige Zeitpunkt

Sowohl während sehr feuchter als auch während sehr trockener Wetterperioden sinkt der Wirkstoffgehalt der

Heilpflanzen. Am besten sammelt man die Heilpflanzen während einer seit zwei bis drei Tagen stabilen, aber nicht zu heißen Schönwetterlage. Wenn möglich morgens gegen 10 Uhr, wenn der Morgentau bereits von den Pflanzen verdunstet ist.

INFO

SAMMELZEITPUNKTE FÜR HEILPFLANZEN

Den idealen Sammelzeitpunkt für die jeweilige Heilpflanze finden Sie im jeweiligen Profil. Grundsätzlich gilt:

Blätter: ganz jung, jedoch voll entfaltet; dieser Zeitpunkt ist oft zu Beginn oder knapp vor der Blütezeit

Blüten: zur Vollblüte oder bei beginnender Blüte

Kraut: der oberirdische Teil der Pflanze mit Stängeln, Blättern und Blüten während der Blütezeit

Wurzeln: Herbst (Frühjahr, falls besonders bitterstoffhaltig)

Knospen: Frühjahr

Rinde: Frühjahr

Samen: zur Vollreife oder kurz davor

Beeren: zur Vollreife oder kurz davor

Gerbstoffhaltige Pflanzen: im August

Pflanzen mit einem hohen Gehalt an ätherischen Ölen: vor der Mittagshitze

Erntemenge

Damit auch im nächsten Jahr noch genügend Heilpflanzen wachsen, bitte nur so viel von einer Pflanze abschneiden, dass sie weiterleben kann, und an jedem Standort nicht zu viele Pflanzen ernten, damit die Art dort weiterbestehen kann. Der Vorrat, den Sie sammeln, sollte maximal für ein Jahr reichen.

Trocknen

Bevor Sie die Pflanzen trocknen, werden alle sichtbaren Verschmutzungen entfernt, jedoch werden nur die Wurzeln gewaschen und grob zerkleinert. Trocknen Sie die Heilpflanzen an einem luftigen Ort im Dunklen oder im Schatten ohne direkte Sonneneinstrahlung und möglichst staubfrei. Die Pflanzen sollten regelmäßig gewendet werden, um gleichmäßig zu trocknen.
Sollten Sie regelmäßig Pflanzen trocknen, lohnt sich der Kauf oder Bau eines Holzgestells, auf das ein Leintuch gespannt wird. Darauf werden die Kräuter ausgebreitet und mit einem weiteren Leintuch bedeckt.
Nur Rinde kann in der Sonne getrocknet werden.
Nach spätestens zwei Wochen sollte der Trocknungsprozess abgeschlossen sein.

Lagern

Bewahren Sie Heilpflanzen trocken, kühl (unter 25 °C) und lichtgeschützt in Glasbehältnissen oder Weißblechdosen auf. Heilpflanzen sollten möglichst unzerkleinert gelagert und innerhalb eines Jahres aufgebraucht werden, damit sie ihre Wirkung nicht verlieren.

TIPP

Nicht benötigte Heilpflanzen nicht wegwerfen
Ein Jahr ist vorbei, und es sind noch Heilkräuter übrig? Mischen Sie nicht verwendete, getrocknete Heilpflanzen zu aromatischen Kräutertees für den täglichen Gebrauch. Nach der langen Lagerung und in geschmacklich bevorzugten Mengen ist die Dosis der Wirkstoffe so gering, dass mit keinem medizinischen Effekt mehr zu rechnen ist.

Heilpflanzen kaufen

Sie können getrocknete Heilpflanzen in Arzneimittelqualität in Apotheken und Reformhäusern käuflich erwerben. Bitte sehen Sie davon ab, Kräutertees aus dem Lebensmittelregal im Supermarkt zu therapeutischen Zwecken anwenden zu wollen. Diese enthalten kaum bis sehr wenig Wirkstoffe und sind wirklich nur als Lebensmittel geeignet.
Viele Heilpflanzen sind auch als Topfpflanze in Gärtnereien erhältlich. Bitte achten Sie darauf, dass es sich in diesen Fällen um eine als Heilpflanze geeignete und nicht um eine rein auf Aussehen gezüchtete Variante handelt.

Zubereitungs- und Anwendungsformen

Tees und Tinkturen sind die bekanntesten Zubereitungsarten von Heilpflanzen. Es gibt jedoch eine Vielzahl weiterer Anwendungsformen. Davon eignen sich einige, z. B. Frischpflanzen-Presssäfte und Glycerin-Extrakte, besonders gut für Katzen, während andere, z. B. Tinkturen, nur bedingt für sie geeignet sind. Weitere Unterschiede zwischen den Zubereitungsformen bestehen bezüglich ihrer Haltbarkeit und den in ihnen gelösten beziehungsweise angereicherten Wirkstoffen. Die folgende Beschreibung der Zubereitungsformen konzentriert sich auf diejenigen, die für Katzen sinnvoll und praktikabel sind.

Ganze Pflanze oder Pflanzenteile

Heilpflanzen können vielfach in zerkleinerter Form ins Futter gemischt werden.

Frische Pflanzen(teile)

Die Heilkräuter werden frisch verfüttert. Dafür können sie püriert oder leicht gedünstet und anschließend mit dem normalen Futter vermischt werden. Sie werden erstaunt sein, wie viele Katzen mit frischen Kräutern angereichertes Futter freiwillig aufnehmen. Einige Heilpflanzen, z. B. Brennnessel und Spitzwegerich, sind am wirksamsten, wenn sie frisch verfüttert werden.

Vorteile:

- Alle Wirkstoffe der Heilpflanze sind enthalten.

Nachteile:

- Manche Wirkstoffe liegen in gebundener Form vor und werden deshalb schlechter aufgenommen als in anderen Zubereitungsarten.
- Die Frischpflanze ist von geringer Haltbarkeit.

Getrocknete Pflanzen(teile)

Wie im vorherigen Kapitel bereits beschrieben, werden Heilkräuter getrocknet (→ Seite 52), um ihre Haltbarkeit zu verlängern. Getrocknete Heilkräuter können, ebenso wie frische Kräuter, direkt mit dem normalen Futter oder besonderen Leckereien gemischt werden, um sie Ihrer Katze zu verabreichen.

Vorteile:

- Die getrockneten Kräuter sind lange haltbar.
- Viele Wirkstoffe bleiben unverändert erhalten.

Nachteile:

- Manche Wirkstoffe liegen in gebundener Form vor und werden deshalb schlechter aufgenommen als in anderen Zubereitungsarten.
- Der Gehalt leicht flüchtiger Wirkstoffe, zum Beispiel ätherischer Öle, verringert sich während der Trocknung.

Frischpflanzen-Presssaft

Frischpflanzen-Presssäfte sind eine einfache und durch ihre naturbelassene Herstellung äußerst effektive Anwendungsart, die viel häufiger bei Katzen zum Einsatz kommen sollte. Die meisten Reformhäuser und Apotheken bieten sie in großer Auswahl an. Für die Gewinnung werden die frisch geernteten, gereinigten und zerkleinerten Heilpflanzen in speziellen Pressen gequetscht und der Saft so gewonnen. Sie können den Presssaft mit dem Futter mischen oder mittels einer Spritze direkt in den Mund geben. Die notwendige Dosierung ist in der Regel gering, sodass Letzteres problemlos möglich ist.

Vorteile:

- Der Saft enthält auch die wasserlöslichen Substanzen, die beim Erhitzen verloren gehen.
- Er enthält mehr Mineralstoffe als andere wässrige Zubereitungen.
- Er enthält keinen Alkohol oder andere Extraktionsmittel.
- Viele Reformhäuser haben stets eine große Auswahl Frischpflanzen-Presssäfte vorrätig.

Nachteile:

- Nur 20–30 % der fettlöslichen Bestandteile sind im Saft enthalten.
- Angebrochene Flaschen sind im Kühlschrank nur 4 Wochen haltbar.

Extrakte (Auszüge)

Um den Extrakt einer Heilpflanze zu erhalten, wird sie für bestimmte Zeit in eine geeignete Flüssigkeit, das sogenannte Extraktionsmittel, gegeben. Die Wirkstoffe werden aus der Heilpflanze gelöst und gehen in die Flüssigkeit über.

Geeignete Extraktionsmittel

Als Extraktionsmittel geeignet sind z. B. Wasser, Alkohol, Glycerin und Öl. Von ihnen ist abhängig, welche Wirkstoffe wir anschließend bevorzugt im Extrakt finden. Wir allen kennen den Effekt, wenn wir Öl und Wasser zusammengeben: Die Flüssigkeiten vermischen sich nicht, sondern das Öl schwimmt oben. Während ätherische Öle sich also besonders gut mit einem neutralen Öl oder Alkohol extrahieren lassen, werden Schleimstoffe am besten mit Wasser oder Glycerin extrahiert (→ Seite 67 f.).

Getrocknete versus frische Kräuter

Zur Herstellung von Extrakten können sowohl frische als auch getrocknete Pflanzenteile verwendet werden. Frische Pflanzen sind häufiger mit Fäulnisbakterien oder Schimmelpilzen belastet, sodass auch ihre Extrakte kontaminiert sein können.
Aus diesem Grund wurde in den folgenden Beschreibungen getrockneten Pflanzen und Pflanzenteilen der Vorzug gegeben.

Zerkleinerungsgrade

Bei der Zubereitung von Extrakten spielt der Zerkleinerungsgrad der Pflanzen eine wichtige Rolle (→ Info). Grundsätzlich gilt: Je kleiner die Pflanzenteile, desto höher ist die Ausbeute im Extrakt. Wenn möglich sollten die Pflanzen aber erst unmittelbar vor der Extraktion zerkleinert werden, um einen vorzeitigen Wirkstoffverlust zu vermeiden. Gepulverte getrocknete Kräuter, z. B. in Teebeuteln, verlieren innerhalb von zwei Wochen bereits einen großen Teil ihrer Wirkstoffe.

INFO

OPTIMALE ZERKLEINERUNGSGRADE

Folgende Zerkleinerungsgrade gelten für die Extraktherstellung als optimal:

Blätter, Blüten, Kräuter: grob geschnitten, Teilchengröße ca. 4 mm

Hölzer, Rinden, Wurzeln: fein zerschnitten bis grob gepulvert, Teilchengröße ca. 2,5 mm

Früchte, Samen: gequetscht oder grob gepulvert, Teilchengröße ca. 2 mm

Saponinhaltige Heilpflanzen: mittelfein gepulvert, Teilchengröße ca. 0,5 mm

Teezubereitungen (wässrige Extrakte)

Teezubereitungen stellen eine der ältesten Anwendungsformen für Heilkräuter dar und wurden bereits im 2. Jahrtausend v. Chr. verwendet. Wissenschaftlich betrachtet, sind Tees Auszüge mit Wasser als Extraktionsmittel.
Die abgekühlten Tees mild schmeckender Heilkräuter, z. B. Kamille und Brennnessel, eignen sich auch für Katzen. Man kann sie über das Futter geben oder statt Trinkwasser anbieten. Sie werden erstaunt sein, wie viele Katzen abgekühlten Kräutertee freiwillig und mit Freude trinken. Sollte Ihre Samtpfote den Tee jedoch nicht freiwillig aufnehmen, ist es besser, auf eine andere Zubereitungsart zu wechseln. Die benötigten Mengen sind bei den meisten Heilpflanzen zu groß, um sie Ihrem Vierbeiner mit der Spritze direkt in den Mund zu geben.

Vorteile:

- Die Zubereitung erfolgt schnell und einfach.
- Einfache Vorratshaltung in Form getrockneter Kräuter
- Wasserlösliche Wirkstoffe sind in hoher Konzentration enthalten.

Nachteile:

- Geringe Haltbarkeit: Der Tee verdirbt schnell und sollte nicht für mehr als 24 Stunden auf Vorrat zubereitet werden.
- Hitzelabile Wirkstoffe werden eventuell zerstört.

Verschiedene Formen der Teezubereitung

Die genaue Art der Zubereitung bezüglich Mengenverhältnis von Heilpflanze zu Wasser, Ziehzeit und -temperatur sind abhängig von den verwendeten Pflanzenteilen, deren Zerkleinerungsgrad und den Wirkstoffen einer Heilpflanze. Rinde benötigt zum Beispiel eine längere Ziehzeit als Blüten. Aus diesem Grund ist es wichtig, sich an die angegebenen Rezepturen in den Pflanzenprofilen zu halten (ab Seite 73). Grundsätzlich unterscheiden wir drei Teezubereitungen: Aufguss, Abkochung und Kaltmazerat.

Aufguss (Infus)

Die zerkleinerten getrockneten Heilkräuter werden mit heißem Wasser übergossen, und nach einer gewissen Ziehzeit wird der Tee mittels Sieb oder Filter abgeseiht, um ihn trinken zu können. Während der Ziehzeit ist der Tee möglichst abzudecken.

Diese Art der Teezubereitung ist vermutlich diejenige, an die wir alle als Erstes denken. Sie eignet sich zwar für die meisten Heilpflanzen, aber leider nicht für alle.

Abkochung (Dekokt)

Die Heilpflanze wird in kaltes Wasser gegeben. Die Mischung wird zum Sieden gebracht und für mehrere Minuten auf kleiner Flamme geköchelt. Danach wird der Tee abgeseiht. Diese Zubereitungsart eignet sich für Drogen harter Konsistenz, z. B. Wurzeln und Rinden, sowie für schwerlösliche, aber hitzestabile Inhaltsstoffe, zum Beispiel Gerbstoffe.

Kaltmazerat

Die Heilkräuter werden mit kaltem Wasser übergossen und über mehrere Stunden bei Raumtemperatur stehen gelassen. Kaltmazerate sind sehr anfällig für Fäulnisbakterien und Schimmelpilze. Deshalb werden sie nach dem Abseihen für mehrere Minuten auf über 60 °C erwärmt. Kaltauszüge eignen sich für schleimhaltige Drogen, z. B. Eibisch. Werden diese zu stark erhitzt, bekommen sie eine kleisterartige Konsistenz. Kaltmazerate eignen sich besonders für hitzeempfindliche Wirkstoffe, aber auch für stark bitter schmeckende gerbstoffreiche Pflanzen, da im Kaltmazerat weniger Bitterstoffe gelöst werden.

Auszug aus Eibischblättern

Tinkturen (alkoholische Auszüge)

Zur Herstellung einer Tinktur werden die Heilpflanzen mit Ethanol (Alkohol) als Auszugsmittel extrahiert. Tinkturen sollten bei Katzen bevorzugt äußerlich angewendet werden. Katzenwelpen können Alkohol, ebenso wie Säuglinge, gar nicht verstoffwechseln, und ausgewachsene Katzen bauen Alkohol deutlich langsamer ab als erwachsene Menschen.

INFO

WIE GIFTIG IST ALKOHOL FÜR KATZEN?

Es existieren keine gesicherten wissenschaftlichen Erkenntnisse zur Alkoholverträglichkeit für Katzen. Nach Fallberichten können 5 ml (entspricht 1 Teelöffel) eines 40 %igen Alkohols (z. B. Wodka) bereits tödlich sein.

Je nach Alkoholkonzentration, ändert sich die Wirkstoffzusammensetzung einer Tinktur. In Konzentrationen von 50–70 Vol. % werden besonders die fettlöslichen Wirkstoffe extrahiert, während in Konzentrationen von 20–30 Vol. % besonders die wasserlöslichen extrahiert werden. Handelsübliche Spirituosen (z. B. Wodka oder Korn) mit einem Alkoholgehalt von 40 Vol. % eignen sich somit für viele Heilpflanzen, um ein Extrakt zu erhalten, das viele ihrer wasser- und fettlöslichen Inhaltsstoffe enthält. Alkohol reduziert die Zahl der Fäulnisbakterien und Schimmelpilze, sodass Tinkturen mit 40 Vol. % Alkohol circa 2 Jahre haltbar sind.

Vorteile:
- Tinkturen sind lange haltbar.
- Je nach Alkoholgehalt werden sowohl wasser- als auch fettlösliche Wirkstoffe extrahiert.

Nachteile:
- Wegen des Alkoholgehalts sind Tinkturen vor allem für die äußerliche Anwendung bei Katzen geeignet.

Statt einer handelsüblichen Trinkspirituose können Sie auch »reinen« Alkohol (96 Vol. %) verwenden und mit Wasser auf die gewünschte Konzentration verdünnen. Bitte achten Sie darauf, dass es sich auch bei dem »reinen« Alkohol um trinkbaren Alkohol handelt, der z. B. unter den Bezeichnungen Weingeist oder Primasprit im Handel ist. Alkohol für technische Zwecke ist zwar deutlich billiger, aber durch Vergällung ungenießbar gemacht worden.
Das Verhältnis von getrockneter Heilpflanze zum Ethanol-Wasser-Gemisch beträgt in der Regel 1:5 oder 1:10, das heißt mit 100 ml Flüssigkeit extrahiert man 10 oder 20 g einer getrockneten Heilpflanze. Welches Verhältnis für die jeweilige Heilpflanze sinnvoll ist, können Sie dem jeweiligen Heilpflanzenprofil (ab Seite 73) entnehmen.

INFO

HERSTELLUNG EINER TINKTUR

Bitte lesen Sie auch die allgemeinen Informationen zu Tinkturen, bevor Sie eine Tinktur herstellen (→ Seite 62 f.). Um eine größere Menge Tinktur herzustellen, multiplizieren Sie die Menge des Heilkrautes und der Flüssigkeit mit dem gleichen Faktor.

Benötigte Materialien und Geräte

- Heilpflanze, getrocknet (Menge → Heilpflanzenprofil)
- 100 ml 40 %iger Trinkalkohol (z. B. Wodka oder Korn)
- Mörser und Pistill
- Sauberes Schraubglas mit 150 bis 250 ml Fassungsvermögen (am besten Braunglas)
- Feines Sieb
- Trichter
- Kaffeefilter
- Lichtdichte Arzneimittelfläschchen

Herstellung

- *Säuberung*: Kontrollieren Sie die getrockneten Pflanzenteile auf Verunreinigungen, braune oder optisch nicht einwandfreie Teile, und sortieren Sie diese aus.
- *Zerkleinerung*: Zerkleinern Sie die Heilpflanzenteile grob mit der Hand oder einer Schere, und geben Sie diese in einen Mörser. Geben Sie eine kleine Menge des Alkohols zu, und zerreiben Sie die Pflanzenteile

INFO

im Alkohol, bis ein flüssiger Pflanzenbrei entstanden ist. Dies kann mehrere Minuten benötigen.

- *Auszug*: Geben Sie den Pflanzenbrei in ein verschließbares Gefäß, und gießen Sie den restlichen Alkohol hinzu. Der Pflanzenbrei sollte gut vom Alkohol bedeckt sein. Verschließen Sie das Glas luftdicht. Das Gefäß sollte idealerweise aus Braunglas sein, Sie können den Inhalt aber auch zusätzlich gegen Licht schützen, indem Sie es komplett in Alufolie einpacken. (Die Alufolie ist wiederverwendbar, da nicht mit dem Extrakt in Kontakt.) Das Glas an einem dunklen, zimmerwarmen Ort für 7 bis 14 Tage stehen lassen.
- *Bewegung*: Mindestens einmal täglich sollten Sie den Ansatz umrühren oder schütteln.
- *Filtration*: Die fertige Tinktur geben Sie in ein feines Sieb und fangen die ablaufende Flüssigkeit auf. Um die Ausbeute zu erhöhen, sollten Sie den Rückstand kräftig ausdrücken. Die abgelaufene Flüssigkeit filtrieren Sie mittels eines Trichters und eines Kaffeefilters erneut. Die nun erhaltene Flüssigkeit ist die fertige Tinktur.
- *Abfüllung und Aufbewahrung*: Die Tinktur in lichtdichte Medikamentenfläschchen z. B. aus Braunglas füllen und mit Pflanzenname, Alkoholgehalt und Herstellungsdatum beschriften. Die Tinkturen an einem trockenen Platz bei Zimmertemperatur lagern.

TIPP

Nützliche Geräte

Mörser + Pistill

Briefwaage

Sieb

Kaffeefilter + Filtertüten

Messzylinder

Diverse Braungläser mit Deckel (Arzneiflaschen)

Glycerin-Extrakt (Glycerit)

Auf den ersten Blick wirkt das Wort Glycerin (Synonyme: Glycerol, Propantriol) sicherlich abschreckend, weil es chemisch und unnatürlich klingt. Dabei ist das Gegenteil der Fall. Glycerin dient in unserem Körper als »Transportsubstanz« für Fettsäuren und ist somit ein natürlicher Bestandteil des Körpers. Seine Verträglichkeit ist deutlich höher als Alkohol.
Glycerin ist eine klare, fast sirupartige Flüssigkeit, die süßlich schmeckt, sodass die meisten unserer vierbeinigen Patienten die Kräuterglycerite gern aufnehmen. Die benötigten Mengen sind in der Regel so gering, dass man sie auch mit einer Spritze direkt in den Mund geben kann. Im angloamerikanischen Sprachraum werden Glycerin-Extrakte schon lange erfolgreich bei Tieren eingesetzt, bei uns sind sie leider noch relativ unbekannt. Glycerin wirkt bei einer Konzentration von 65 % antibakteriell, sodass Glycerin-Extrakte sich im Kühlschrank ca. 1 Jahr halten.

Vorteile:

- Glycerin-Extrakte sind gut verträglich.
- Sie eignen sich gut für wasserlösliche Wirkstoffe.
- Glycerin-Extrakte sind lange haltbar.

Nachteile:

- Glycerin-Extrakte sind nicht geeignet für fettlösliche Wirkstoffe.

INFO

HERSTELLUNG EINES GLYCERIN-EXTRAKTS

Bitte lesen Sie auch die allgemeinen Informationen zu Glycerin-Extrakten, bevor Sie ein Glycerit herstellen (→ Seite 67). Um eine größere Menge Extrakt zu produzieren, müssen Sie die Menge des Heilkrautes und der Flüssigkeiten mit dem gleichen Faktor multiplizieren.

Benötigte Materialien und Geräte

- Heilpflanze, getrocknet (Menge → Heilpflanzenprofil)
- 30 ml kochendes Wasser
- 70 ml Bio-Glycerin (> 99 %ig)
- Mörser und Pistill
- Sauberes Schraubglas mit 150 bis 250 ml Fassungsvermögen (am besten Braunglas)
- Feines Sieb
- Trichter
- Kaffeefilter
- Lichtdichte Arzneimittelfläschchen

Herstellung

- *Säuberung:* Kontrollieren Sie die getrockneten Pflanzenteile auf Verunreinigungen, braune oder optisch nicht einwandfreie Teile, und sortieren Sie diese aus.
- *Zerkleinerung:* Zerkleinern Sie die Heilpflanzenteile grob mit der Hand oder einer Schere, und füllen Sie

INFO

diese in einen Mörser. Geben Sie die benötigte Menge kochendes Wasser zu den getrockneten Kräutern, und zerreiben Sie die Pflanzenteile mit dem Wasser, bis ein flüssiger Pflanzenbrei entstanden ist. Dies kann mehrere Minuten in Anspruch nehmen.

- *Auszug:* Geben Sie den Pflanzenbrei in ein verschließbares Gefäß, und gießen Sie die benötige Menge Glycerin hinzu. Der Pflanzenbrei sollte gut von Flüssigkeit bedeckt sein. Verschließen Sie das Glas luftdicht, und lassen Sie den Ansatz an einem dunklen, zimmerwarmen Ort für 7–14 Tage stehen.
- *Bewegung:* Mindestens einmal täglich sollten Sie den Ansatz umrühren oder schütteln.
- *Filtration:* Den Extraktionsansatz in ein feines Sieb geben und die ablaufende Flüssigkeit auffangen. Um die Ausbeute zu erhöhen, sollten Sie den Rückstand kräftig ausdrücken. Die abgelaufene Flüssigkeit mittels eines Trichters und eines Kaffeefilters erneut filtrieren. Die nun erhaltene Flüssigkeit ist der fertige Glycerin-Extrakt.
- *Abfüllung und Aufbewahrung:* Den Extrakt in lichtdichte Arzneimittelfläschchen, z. B. aus Braunglas, füllen und mit Pflanzenname, Glyceringehalt und Herstellungsdatum beschriften. Die Glycerin-Extrakte im Kühlschrank aufbewahren.

Öl-Extrakt (Öl-Mazerat)

Für einen öligen Auszug werden die Heilkräuter mit pflanzlichen Ölen, z. B. Oliven- oder Mandelöl, angesetzt. Die fettlöslichen Inhaltsstoffe der Pflanze, z. B. ätherische Öle und Sterole, gehen in das Pflanzenöl über. Sie kommen in der Tiermedizin meist äußerlich zum Einsatz. Das Verhältnis von getrockneter Heilpflanze zu Öl beträgt in der Regel 1:10, das heißt 10 g getrocknete Heilpflanze werden mit 100 ml Pflanzenöl extrahiert.

Zubereitung

Die getrockneten Pflanzenteile werden zuerst grob zerkleinert und anschließend mit wenig Öl im Mörser fein zerrieben. Das Öl-Pflanzen-Gemisch wird in ein Schraubglas gefüllt und mit dem restlichen Öl übergossen. Der Ansatz sollte an einem dunklen, nicht zu kühlen Ort mindestens 14 Tage ziehen und mindestens einmal täglich geschwenkt werden. Von dem Auszug unter Sonneneinstrahlung ist abzuraten. Er führt häufig zu erhöhter Oxidation und somit verkürzter Haltbarkeit der Öle. Nach Ende der Ziehzeit wird das Öl mittels eines Siebs abgeseiht und kann verschlossen an einem dunklen, nicht zu warmen Ort aufbewahrt werden.

Inhalation

Eine besondere Anwendungsform stellt die Inhalation dar. Die Dämpfe erreichen die Atemwege direkt und wirken entzündungshemmend und/oder schleimlösend.

Für die Inhalation wird ca. 1 Liter Aufguss zubereitet und in einen Topf mit möglichst breitem Durchmesser gegeben. Sie können Ihre Katze in den Arm nehmen, sich mit ihr gemeinsam vor den Topf setzen und die aufsteigenden Dämpfe einatmen lassen, oder Sie können das Tier in eine verschlossene Katzenbox setzen, den Topf davorstellen und eine Decke über Box und Topf breiten. Die Dämpfe sollten für circa 5 Minuten inhaliert werden.

TIPP

Käuflich erwerbbare Produkte

Viele Heilpflanzen sind auch als Fertigprodukte erhältlich. Diese sind bezüglich ihres Wirkstoffgehaltes standardisiert. Sie sollten bevorzugt verwendet werden, wenn eine exakte Dosierung notwendig ist, wie z. B. bei Knoblauch oder Weißdorn.

Durch die extrem aufwendigen Zubereitungsarten wird jedoch ein Teil der Inhaltsstoffe zerstört.

Tabletten: *In der Regel wird der getrocknete Extrakt einer Heilpflanze gemeinsam mit einem Bindemittel unter hohem Druck gepresst.*

Kapseln: *Kapseln, welche die unveränderte getrocknete, pulverisierte Form der Heilpflanze enthalten, sind solchen mit Trockenextrakt vorzuziehen.*

Fluidextrakte: *Unter Hitzeeinwirkung werden die Extrakte eingedampft und die Konzentration der Wirkstoffe erhöht.*

Heilpflanzen-profile

Im dritten Teil des Buches werden die Heilpflanzen mit Bildern beschrieben, und Sie finden detaillierte Informationen zur Anwendung und Dosierung bei Ihrer Katze.

Die Heilpflanzenprofile

In den Profilen werden das Aussehen, die Anwendungsgebiete, Zubereitungsformen und Dosierungen jeder Heilpflanze ausführlich beschrieben.

Identifikation der Heilpflanzen

Viele Heilkräuter lassen sich mit den hier beschriebenen Merkmalen und Abbildungen gut identifizieren. Insbesondere bei Verwechslungsgefahr mit giftigen Pflanzen (→ Seite 154 f.) kann es jedoch sinnvoll sein, zusätzlich ein botanisches Bestimmungsbuch oder eine App zu verwenden (→ Seite 156). Unter den beschriebenen Merkmalen der Pflanzen wurden diejenigen bevorzugt ausgewählt, die eine Bestimmung der Pflanze während des Sammelzeitpunkts erleichtern. Bitte wenden Sie nur Heilpflanzen an, die Sie zweifelsfrei identifiziert haben!

Wirkstoffe

Hier werden die wichtigsten Inhaltsstoffe, soweit sie bisher wissenschaftlich erforscht sind, mit ihrer Wirkung beschrieben.

Anwendungsgebiete

Die meisten Heilpflanzen können bei einer Vielzahl unterschiedlicher Krankheiten angewendet werden. In den Profilen werden nur diejenigen Krankheiten aufgenommen, die bei Katzen (regelmäßig) vorkommen.

Zubereitungsformen

Auch bei den Zubereitungsformen werden bewusst diejenigen beschrieben, die für Katzen praktikabel und gefahrlos anwendbar sind. Häufig finden sich verschiedene Zubereitungsformen, sodass sowohl der ländlich wohnende »Selbstsammler« als auch der möglicherweise naturferne Stadtbewohner für sich geeignete Möglichkeiten finden kann.

Sinnvolle Kombinationen

Für die meisten Heilpflanzen werden Kombinationen genannt, die sich sinnvoll ergänzen.
Von anderen Kombinationen ist dringend abzuraten, da die Wirkungen der Heilpflanzen sich gegenseitig aufheben können. Dies ist z. B. bei Weide und Sonnenhut der Fall.

Siesta im Karottenbeet: Möhren helfen gegen Durchfall.

Dosierungen

Die passende Dosierung ist abhängig vom Körpergewicht Ihrer Katze. Jeder kann sich vorstellen, dass eine sechs Monate alte Hauskatze, die 1,5 Kilogramm wiegt, nicht die gleiche Dosis benötigt wie ein ausgewachsener Main-Coon-Kater, der 8 Kilogramm wiegt. Aus diesem Grund sind die Dosierungen in Gramm bzw. Milliliter pro Kilogramm Körpergewicht angegeben. Um die für seine Katze passende Dosis zu erhalten, muss man die angegebene Dosis mit dem Körpergewicht multiplizieren.

Rechenbeispiel

Die Hauskatze Minni wiegt 4 Kilogramm und soll Holunderblütenextrakt bekommen, dessen Dosierung mit 0,3 ml/1 kg Körpergewicht angegeben ist:
0,3 ml × 4 kg = 1,2 ml.

Minnie bekommt also 1,2 ml Holunderblütenextrakt.

INFO

MASSANGABEN UND MESSGERÄTE

Bezüglich der Maßangaben für Heilpflanzen ist zu bedenken, dass die heute üblichen Löffel weniger fassen als früher und dass eine Tasse je nach Kulturkreis zwischen 100 bis 285 ml fassen kann.

Die Angaben in diesem Buch beziehen sich auf folgende Referenzgrößen:

1 TL = 5 ml

1 EL = 15 ml

1 Tasse = 150 ml

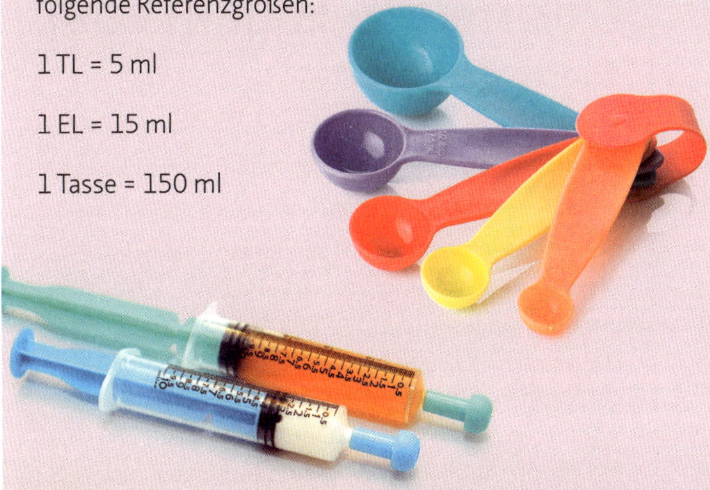

Zur exakten Dosierung eignen sich ein Messlöffelsystem oder auch Spritzen in verschiedenen Größen. Letztere haben den Vorteil, dass sie auch zur Eingabe von Flüssigkeiten verwendet werden können.

Echter/Großer AUGENTROST

Euphrasia officinalis/ Euphrasia rostkoviana

Der Name ist Programm.

Wichtig! Der Echte oder Große Augentrost gilt in Deutschland als gefährdete Art und sollte deshalb nicht in der Natur gesammelt, sondern als Gartenpflanze kultiviert oder käuflich aus dem gezielten Anbau erworben werden.

Bereits der Anblick der Blüte erinnert an ein bewimpertes Auge, und auch die Wahl des deutschen Namens zeigt die besondere Heilwirkung dieser Pflanze. Seit dem 16. Jahrhundert wird sie zur Therapie von entzündlichen Augenerkrankungen verwendet. Augentrost wächst häufig als »Halbschmarotzer« auf anderen Wiesenpflanzen, kann aber auch selbstständig wachsen.

Wirkstoffe

Augentrost enthält das antibakteriell wirkende Iridoidglykosid Aucubin. Weitere wichtige Inhaltsstoffe sind die entzündungshemmend wirkenden Phenolcarbonsäuren und Flavonoide.

Zubereitungsformen und Dosierungen

Bei Katzen wird Augentrost in der Regel nur äußerlich als Dekokt oder als Fertigarzneimittel angewendet.

Äußerliche Anwendung

Bei entzündeter Binde- oder Hornhaut werden die Augen mit Augentrost behandelt. Auch bei Bindehautentzündung in Verbindung mit Katzenschnupfen kann die lokale Anwendung von Augentrost hilfreich sein. In Apotheken sind Augentropfen auf Basis von Augentrost

Merkmale

1-jährige Staude
bis 45 cm hoch

Blüte
Mai–Oktober
weiß, Oberlippe evtl. violett; dreizipflig, symmetrisch

Blätter
gegenständig, grob gezähnt

Stängel
stark verzweigt

Vorkommen
Wiesen und Moore
magere, kalkarme Böden

Sammelzeitpunkt
Juni–September

Verwendeter Bestandteil
oberirdische Teile

Wirkung
entzündungshemmend, antibakteriell

Anwendungsgebiete

Äußerlich
entzündliche Augenkrankheiten

rezeptfrei als Fertigarzneimittel erhältlich. Die Behandlung kann aber auch mit einem selbst hergestellten Dekokt erfolgen.

Dekokt

25 g getrocknetes Augentrostkraut mit 250 ml kaltem Wasser ansetzen, bis zum Sieden erhitzen, 3–5 Minuten kochen lassen und anschließend durch einen Kaffee- oder Teefilter abseihen. Der Dekokt sollte täglich frisch zubereitet und im Kühlschrank aufbewahrt werden. Das betroffene Auge wird mit dem Dekokt gespült. Anschließend können Sie eine getränkte Kompresse/ ein Wattepad für mehrere Minuten auf das Auge legen. Die meisten Katzen dulden diese Behandlung sehr gut. Das betroffene Auge 3-mal täglich behandeln.

TIPP

Spülung des Auges bei Bindehautentzündung

Die Behandlung eines Auges bei Bindehautentzündung lässt sich leichter zu zweit durchführen. Eine Person zieht mit den Daumen vorsichtig Ober- und Unterlid auseinander. Dabei hält sie den Kopf der Katze zwischen den Handflächen so, dass er leicht seitlich geneigt ist und das zu behandelnde Auge oben liegt. Die zweite Person kann sich dann darauf konzentrieren, die Augentropfen oder den Dekokt in den äußeren Augenwinkel zu geben, sodass die Flüssigkeit in Richtung Nase abfließen kann.

Sinnvolle Kombinationen

Die Kombination mit Kamille kann sinnvoll sein. Bei Katzenschnupfen wird Augentrost mit der innerlichen Gabe von Sonnenhut, Schlüsselblume und Holunder kombiniert.

Nebenwirkungen, Gegenanzeigen und Kontraindikationen

Bei trockenen Augen *(Keratokonjunktivitis sicca)* sollte Augentrost nicht angewendet werden.

INFO

VERWECHSLUNGSGEFAHR!

Der Echte oder Große Augentrost kann leicht mit dem Steifen Augentrost *(Euphrasia stricta)* verwechselt werden, der keinerlei Heilwirkung besitzt, aber unschädlich ist. Die beiden Pflanzen sind an den oberen Blättern zu unterscheiden: Der Steife Augentrost besitzt dort Grannenspitzen.

Große BRENNNESSEL

Urtica dioica

Ungeliebtes Unkraut mit vielfältiger Heilwirkung

Bereits die meisten Kindergartenkinder erkennen die Brennnessel und fürchten sich vor ihrer brennenden, juckenden Wirkung bei Hautkontakt. Verantwortlich für die irritierende Wirkung sind feine Härchen an der Unterseite der Blätter. Diese enthalten Histamin und andere biogene Amine, die als körpereigene Botenstoffe bei Allergien fungieren und zu Hautschwellung, -rötung und dem charakteristischen Brennen bzw. Jucken führen. Die harntreibende Wirkung der Brennnessel war bereits im antiken Griechenland bekannt. Doch nicht nur bei Harnwegsentzündungen ist die Brennnessel ein effektives Therapeutikum. Mehrere unabhängig wissenschaftliche Studien bei Arthrosepatienten zeigten, dass Schmerz und Bewegungseinschränkung unter Brennnesseltherapie signifikant abnahmen. Die meisten der Teilnehmer konnten die Dosis ihrer herkömmlichen Schmerzmittel deutlich reduzieren, ein Drittel der Teilnehmer konnte sie sogar komplett absetzen. Hierbei erwies sich der Frischpflanzen-Presssaft neben der frischen Pflanze als die effektivste Zubereitungsform.

Wirkstoffe

Brennnesselblätter enthalten Caffeoyläpfelsäure und verschiedene ungesättigte Fettsäuren, die hemmend auf die Produktion von Entzündungsmediatoren wirken und dadurch chronisch-entzündliche Prozesse positiv beeinflussen. Der entzündungshemmende Effekt wird durch antioxidativ wirkende Flavonoide unterstützt.

Merkmale

Staude
30–150 cm hoch

Blüte
Juli–Oktober
weiblicher Blütenstand hängend, männlicher Blütenstand stehend

Blätter
herzförmig, Blattrand gezähnt, gegenständig wachsend, behaart

Stängel
behaart

Vorkommen
häufig
Dörfer, Schuttplätze, Waldränder
stickstoffreiche Böden

Sammelzeitpunkt
Juni–September
wenn die Blüten in den Blattachseln erscheinen

Verwendeter Bestandteil
Blätter
Stiele bis 3 cm Durchmesser

Wirkung
harntreibend, entzündungshemmend, blutbildend

Anwendungsgebiete

Innerlich
Entzündungen der Harnwege, Nieren- und Blasengrieß, chronische Entzündungen des Bewegungsapparates, Blutverlust

Die harntreibende Wirkung der Brennnessel beruht auf ihrem hohen Kaliumgehalt. Ihr Vitamin-C-Gehalt wirkt sowohl abwehrsteigernd als auch harnansäuernd. Letzteres erschwert schädlichen Bakterien das Wachstum in der Blase. Durch die Kombination aus harntreibenden, entzündungshemmenden, abwehrsteigernden und harnsäuernden Wirkstoffen eignet sich die Brennnessel besonders gut für Katzen mit chronisch wiederkehrenden Blasenentzündungen. Weitere wichtige Inhaltsstoffe sind Vitamin K (notwendig für die Blutgerinnung) und Eisen (notwendig für die Blutbildung).

Zubereitungsformen und Dosierungen

Aufgrund der stärker entzündungshemmenden Wirkung werden Frischpflanzen-Zubereitungen bevorzugt verabreicht, wobei Katzen Frischpflanzen-Presssaft besser akzeptieren als frische Blätter.
Wegen der kurzen Haltbarkeit von Frischpflanzen-Presssaft kann es bei Katzen mit chronisch wiederkehrenden Harnwegsentzündungen oder chronischen Beschwerden des Bewegungsapparates auch sinnvoll sein, einen Glycerin-Extrakt herzustellen und stets vorrätig zu haben.

Innerliche Anwendung

Brennnesselblätter werden zur Therapie bei entzündlichen Erkrankungen des Bewegungsapparates und der Harnwege angewendet. Auch nach Blutverlusten kann es sinnvoll sein, die Blutbildung durch Brennnessel zu unterstützen. Bei Harnwegserkrankungen sollten Sie das Futter zusätzlich mit Wasser anreichern, da die harntreibende Wirkung der Brennnesselblätter nur bei ausreichender Wasserzufuhr erfolgreich ist.

Frische Pflanze

Um die irritierende Wirkung der Brennhaare zu mindern, die frischen Brennnesseln kurz dämpfen. Anschließend die Brennnesselblätter mit dem Futter mischen.
Dosierung bei akuten Erkrankungen: 1-mal täglich 1 g pro 1 kg Körpergewicht für 3–5 Tage
Dosierung bei chronischen Erkrankungen: jeden 2. bis 3. Tag 1 g pro 1 kg Körpergewicht

Frischpflanzen-Presssaft

Sie können den verdünnten Presssaft über das Futter oder mittels einer Spritze direkt in den Mund geben.
Dosierung bei akuten Erkrankungen: 1-mal täglich 0,1 ml pro 1 kg Körpergewicht mit der gleichen Menge Wasser gemischt für 3–5 Tage
Dosierung bei chronischen Erkrankungen: jeden 2. bis 3. Tag 0,1 ml pro 1 kg Körpergewicht mit der gleichen Menge Wasser gemischt

Glycerin-Extrakt

Zur Herstellung eines Glycerin-Extrakts werden 10 g getrocknete Brennnesselblätter mit 30 ml Wasser und 70 ml Glycerin (> 99 %ig) extrahiert (→ Seite 68 f.).

Dosierung bei akuten Erkrankungen: 1-mal täglich 1 ml pro 1 kg Körpergewicht für 3–5 Tage
Dosierung bei chronischen Erkrankungen: jeden 2. bis 3. Tag 1 ml pro 1 kg Körpergewicht

Sinnvolle Kombinationen

Bei Harnwegserkrankungen ist häufig die Kombination mit Goldrute sinnvoll, während sich bei Erkrankungen des Bewegungsapparates die Kombination mit Weide anbietet.

Nebenwirkungen, Gegenanzeigen und Kontraindikationen

Brennnesselblätter sollten nicht verwendet werden, wenn Steine die Harnwege verlegen (Harnabsatzversuche ohne Urinabsatz) oder Ihre Katze unter Herz- oder Niereninsuffizienz leidet.

INFO

ALTERNATIVPFLANZE

Statt der Großen Brennnessel kann alternativ die Kleine Brennnessel *(Urtica urens)*, auch Gartenbrennnessel genannt, verwendet werden. Sie enthält die gleichen Wirkstoffe.

MarienDISTEL

Silybum marianum

Stacheliger Leberschutz

Die Mariendistel stammt ursprünglich aus dem Mittelmeerraum und wurde dort schon in der Antike als Heilpflanze verwendet. Sie kann sowohl bei Vergiftungen als auch bei Infektionen, Entzündungen und Tumorerkrankungen der Leber verwendet werden.

Wirkstoffe

Mariendisteln enthalten bis zu 3 % Silymarin, ein Flavonoid, das Leberzellen vor Zerstörung schützt. Die Schutzwirkung der Mariendistel wurde in mehreren Studien wissenschaftlich untersucht und ist so groß, dass der isolierte Wirkstoff bisher das einzige wirksame Medikament gegen Vergiftungen mit dem Knollenblätterpilz darstellt.

Zubereitungsformen und Dosierungen

Innerliche Anwendung

Getrocknete Mariendistelfrüchte lassen sich nur schwer zerkleinern, deshalb ist es empfehlenswert, auf Fertigpräparate in Kapselform oder lose erhältliches Pulver zurückzugreifen.
Dosierung: 1- bis 3-mal täglich 50 mg Mariendistelfrüchte-Pulver oder 5 mg Trockenextrakt pro 1 kg Körpergewicht für mindestens 8 Wochen

Nebenwirkungen, Gegenanzeigen und Kontraindikationen

Es sind keine bekannt.

Merkmale

1- bis 2-jähriges Kraut
bis 150 cm
Blüte
Frühjahr
violette Körbchen
ca. 5 cm Durchmesser
Blätter
Grundblätter elliptisch, fiederspaltig
Stängelblätter kleiner, weniger tief geteilt
Stängel
kahl oder flaumig behaart
Vorkommen
trockene, nährstoffarme, oft steinige Böden

Sammelzeitpunkt
August–September
Verwendeter Bestandteil
Früchte
Wirkung
leberprotektiv

Anwendungsgebiete

Innerlich
Lebererkrankungen

Echter **EIBISCH**

Althaea officinalis

Reizlinderung für Haut und Schleimhaut

Wichtig! Echter Eibisch steht unter Naturschutz, wild wachsend darf er nicht gesammelt werden, kann aber als Gartenpflanze kultiviert oder käuflich aus dem Anbau erworben werden.

Bereits die englische Bezeichnung des Eibischs, *Marshmallow*, deutet auf seinen süßen, angenehmen Geschmack hin. Er wird auch von vielen Katzen gern angenommen und kann deshalb in Heilpflanzenmischungen zur Geschmacksverbesserung beitragen. Bereits im Altertum und im Mittelalter wurde Eibisch zur Wundbehandlung und Abszessreifung, aber auch bei Magen-Darm-Erkrankungen von Menschen und Tieren verwendet.

Wirkstoffe

Seine Blätter enthalten bis zu 10 % Schleimstoffe (Polysaccharide), die verantwortlich sind für die reizlindernde Wirkung des Eibischs. Bei juckenden, brennenden oder schmerzenden Entzündungen legen seine Schleimstoffe sich wie ein Schutzmantel über die empfindliche Stelle, mildern die Symptome und fördern die Heilung. Weitere Inhaltsstoffe sind entzündungshemmend wirkende Flavonoide und Phenolcarbonsäuren.

Zubereitungsformen und Dosierungen

Eibisch-Zubereitungen können sowohl äußerlich als auch innerlich angewendet werden.

Äußerliche Anwendung

Bei Insektenstichen, frischen Wunden und Brandwunden, nässenden Ekzemen sowie zur Abszessreifung wird Eibisch äußerlich angewendet.

Frische Blätter

Ähnlich wie Spitzwegerichblätter kann man die Blätter des Eibischs zwischen den Händen walken, bis Saft austritt. Mit dem Saft kann man Insektenstiche und frische Wunden behandeln.

Kaltmazerat

1 EL Eibischblätter wird mit 150 ml kaltem Wasser angesetzt. Den Kaltansatz unter häufigem Rühren

mindestens 2 Stunden (besser 5–8 Stunden) ziehen lassen. Nach dem Abseihen bis kurz vor dem Siedepunkt erhitzen, um Bakterien abzutöten.
Zur äußerlichen Anwendung ein sauberes Tuch mit dem Eibisch-Mazerat tränken und auf die zu behandelnde Stelle auflegen oder dies mit dem Mazerat betupfen. Die Anwendung sollte mehrmals täglich wiederholt werden.

Tinktur

Für die Herstellung einer Eibischtinktur werden 10 g Eibischblätter mit 100 ml 40 %igem trinkbarem Alkohol extrahiert (→ Seite 64). 40 Tropfen der Tinktur in 150 ml

Merkmale

Ausdauerndes Kraut
60–140 cm hoch

Blüte
Juli–September
5 weiß-rosa Blütenblätter
1–3 Blüten pro Blattachsel

Blätter
ungeteilt oder mit spitzen Lappen
beidseits samtfilzig graugrün behaart

Vorkommen
feuchte, schwach salzhaltige und stickstoffreiche Böden
gerne auf Schuttstellen

Sammelzeitpunkt
kurz vor der Blütezeit

Verwendeter Bestandteil
Blätter

Wirkung
reizlindernd für Haut und Schleimhaut, mindert Hustenreiz, antimikrobiell, entzündungshemmend

Anwendungsgebiete

Äußerlich
nässende Ekzeme, Brandwunden, Insektenstiche, zur Abszessreifung

Innerlich
Schleimhautreizungen in Mund und Rachenraum, Magenschleimhautentzündungen und -geschwüre, Giardien

Wasser geben. Ein sauberes Tuch mit der verdünnten Eibisch-Tinktur tränken und anwenden wie das Kaltmazerat.

Innerliche Anwendung

Innerlich werden Eibischblüten vor allem gegen Entzündungen im Mund- und Rachenraum sowie bei Magenschleimhautentzündungen angewendet.

Kaltmazerat

Zubereitung → Seite 90 f.

Dosierung: 3-mal täglich 10 ml pro 1 kg Körpergewicht über das Futter geben

Dosierung bei Magengeschwür: 5-mal täglich 6 ml pro 1 kg Körpergewicht vor den Mahlzeiten

Glycerin-Extrakt

Für die Herstellung eines Glycerin-Extrakts 10 g Eibischblätter mit 30 ml Wasser und 70 ml Glycerin (> 99 %ig) extrahieren (→ Seite 68).

Dosierung: 3-mal täglich 3 ml Extrakt pro 1 kg Körpergewicht

Dosierung bei Magengeschwür: 5-mal täglich 2 ml Extrakt pro 1 kg Körpergewicht vor den Mahlzeiten

Sinnvolle Kombinationen

Bei Magenschleimhautentzündungen hat sich die Kombination mit Kamille (1:1) bewährt, und bei chronischem

Giardienbefall hat sich eine Kombination mit Sonnenhut und Breitwegerich (→ Seite 145) als erfolgreich erwiesen.

Nebenwirkungen, Gegenanzeigen und Kontraindikationen

Die Resorption von gleichzeitig eingenommenen Medikamenten kann verzögert werden.

INFO

ALTERNATIVPFLANZEN

Viele Vertreter der Malvengewächse, wie Wilde Malve *(Malva sylvestris)* und Weg-Malve *(Malva neglecta)* haben eine vergleichbare Wirkung und können auf die gleiche Weise als Heilpflanze verwendet werden.

Wilde Malve

Weg-Malve

GINKGO

Ginkgo biloba

Der Parkbaum für das Gehirn

Der Ginkgo gehört zu den ältesten Pflanzen der Erde. Er stammt ursprünglich aus Asien und wird dort in der Traditionellen Chinesischen Medizin verwendet. Im 18. Jahrhundert wurde er nach Deutschland importiert und aufgrund seiner stattlichen Erscheinung in vielen Parks angepflanzt.
Seine positiven Eigenschaften auf das Gehirn wurden in mehreren wissenschaftlichen Studien nachgewiesen und werden inzwischen auch in der Tiermedizin vielfach erfolgreich genutzt.

Wirkstoffe

Der Ginkgo enthält Flavonolglykoside, Biflavone und Proanthocyanidine. Diese wirken nicht nur gerinnungshemmend und durchblutungsfördernd, sondern auch schützend auf Nervenzellen.

Zubereitungsformen und Dosierungen

Ginkgo wird bei Katzen ausschließlich innerlich angewendet.

Innerliche Anwendung

Besonders bei der alzheimerähnlichen Erkrankung der älteren Katze hat sich Ginkgo bewährt. Aufgrund der enthaltenen magenreizenden Säuren ist die Anwendung als Fertigpräparat vorzuziehen.

Trockenextrakt

Der Trockenextrakt des Ginkgo ist als loses Pulver und in Kapsel- bzw. Tablettenform erhältlich.
Dosierung: 1-mal täglich 6 mg pro 1 kg Körpergewicht jeden zweiten Tag

Merkmale

Baum
bis 40 m hoch
bis 1000 Jahre alt
Blätter
fächerförmig
mit einer Kerbe in der Mitte
Samen
Juni–Juli
mirabellenähnlich gelb, rund
Vorkommen
in Alleen und Parks
gelegentlich verwildert

Verwendeter Bestandteil
Blätter
Wirkung
durchblutungsfördernd, gerinnungshemmend, neuroprotektiv

Anwendungsgebiete

Innerlich
nachlassende Gehirnfunktion, Durchblutungsstörungen

Kombination

Die Kombination mit Weißdorn ist häufig empfehlenswert.

Nebenwirkungen, Gegenanzeigen, Wechselwirkungen

Bei Anwendung der Blätter sind Magenschleimhautreizungen möglich.

INFO

DAS WEIß DIE TRADITIONELLE CHINESISCHE VETERINÄRMEDIZIN (TCVM)

In der TCVM werden Heilpflanzen nicht nur aufgrund ihrer Wirkung auf bestimmte Organsysteme verwendet. Sie werden auch wegen ihrer geschmacklichen (süß, bitter, scharf, sauer, salzig) und thermischen (kalt, kühl, neutral, warm, heiß) Eigenschaften klassifiziert und angewendet.

Zum Beispiel gilt die Weidenrinde in der TCVM als bitter und kalt, sodass sie gegen »Hitzeerkrankungen« wie Fieber und Entzündungen angewendet wird.

Demgegenüber wird die Goldrute als süß und warm klassifiziert. Sie eignet sich deshalb gut zur Therapie von Blasenentzündungen, die häufig durch Verkühlungen verursacht werden und von subjektivem Kälteempfinden begleitet sind.

Gewöhnliche GOLDRUTE

Solidago virgaurea

Multitalent gegen Harnwegsinfektionen

Weltweit sind mehr als sieben Arten der Goldrute bekannt, die unter anderem von den Ureinwohnern Nordamerikas zur Behandlung von Wunden, Fieber und Erkrankungen der Atemwege verwendet werden. Die hier beschriebene Echte Goldrute stammt aus Eurasien. Ihr Verbreitungsgebiet reicht von der Arktis bis in die Subtropen, und sie wird seit dem 13. Jahrhundert zur Therapie von Harnwegserkankungen verwendet. Das Besondere an ihr: Sie wirkt sowohl antibakteriell und harntreibend als auch entzündungshemmend, krampflösend und schmerzlindernd.
Die Goldrute vereint also alle Eigenschaften, die ein wirksames Therapeutikum bei bakteriellen Harnwegsinfekten besitzen muss.

Wirkstoffe

Die Goldrute enthält 1–4 % Flavonoide, die verantwortlich sind für den entzündungshemmenden Effekt der Pflanze. Weitere bekannte Inhaltsstoffe sind Saponine, Phenylglykoside, Gerbstoffe, ätherisches Öl und verschiedene Terpene. Obwohl die Wirkung der Goldrute in mehreren wissenschaftlichen Studien belegt wurde, ist über den Wirkmechanismus der einzelnen Inhaltsstoffe bisher nur sehr wenig bekannt.

Zubereitungsformen und Dosierungen

Die Goldrute wird innerlich angewendet, bei Katzen bevorzugt als Aufguss oder als Glycerin-Extrakt.

Innerliche Anwendung

Die Goldrute wird neben bakteriellen Harnwegsinfekten auch zur Therapie von Nieren- und Blasengrieß verwendet. Die Behandlung sollte immer durch eine ausreichende Flüssigkeitsgabe unterstützt werden. Mischen Sie das Nassfutter 2- bis 3-mal täglich mit 5–10 ml Wasser pro 1 kg Körpergewicht.

Aufguss

1 TL zerkleinertes Goldrutenkraut (ca. 3 g) mit 150 ml kochendem Wasser übergießen, 20 Minuten ziehen lassen und abseihen. Der Aufguss wird mit dem Futter gemischt oder mittels einer Spritze direkt in den Mund verabreicht.

Dosierung bei akuten Harnwegsinfekten: 1-mal täglich 2 ml pro 1 kg Körpergewicht für 1 Woche
Dosierung bei Nieren- oder Blasengrieß: 1-mal täglich 1 ml pro 1 kg Körpergewicht, bis der Urin frei von Kristallen ist

Glycerit

Sie können die Goldrute auch als Glycerit verabreichen. 10 g Goldrute werden mit 30 ml Wasser und 70 ml Glycerin (> 99 %ig) extrahiert (→ Seite 68 f.). Der Glycerin-Extrakt wird mit dem Futter gemischt oder direkt in den Mund verabreicht.

Merkmale

Ausdauernde Staude
5–80 cm hoch
Blüte
Juli–Oktober
Korbblütler
6–12 goldgelbe Zungenblüten
walzenförmiger Blütenstand mit vielen 1–2 cm breiten Körbchen
Blätter
untere Blätter eiförmig mit langem geflügeltem Stiel
obere Blätter schmal lanzettlich, sitzend
wechselständig
Blattrand unregelmäßig gezähnt
Stängel
unten oft braun

Vorkommen
verbreitet
lichte Wälder, Heiden, magere Weiden
Sammelzeitpunkt
Sommeranfang, kurz vor Beginn der Blüte
Verwendeter Bestandteil
oberirdische Pflanzenteile
Wirkung
harntreibend, entzündungshemmend, antimikrobiell, krampflösend

Anwendungsgebiete

Innerlich
entzündliche Infektionen der Harnwege, Nieren- und Blasengrieß

Dosierung bei akuten Harnwegsinfekten: 1-mal täglich 0,2 ml pro 1 kg Körpergewicht für 1 Woche
Dosierung bei Nieren- oder Blasengrieß: 1-mal täglich 0,1 ml pro 1 kg Körpergewicht, bis der Urin frei von Kristallen ist

Sinnvolle Kombinationen

Bei starken Entzündungen der Harnwege kann die Goldrute mit Brennnessel kombiniert werden.

Nebenwirkungen, Gegenanzeigen und Kontraindikationen

Goldrute sollte nicht verwendet werden, wenn Steine die Harnwege verlegen (Harnabsatzversuche ohne Urinabsatz) oder der Patient unter Herz- oder Niereninsuffizienz leidet. Bei Allergien gegen andere Korbblütler sollte ebenfalls von einer Therapie abgesehen werden.

INFO

WEITERE GOLDRUTENARTEN

Auch die Riesengoldrute *(Solidago gigantea)* und die Kanadische Goldrute *(Solidago canadiensis)* wirken harntreibend, doch nur die Echte Goldrute wirkt auch entzündungshemmend, weshalb sie zu bevorzugen ist.

Schwarzer HOLUNDER

Sambucus nigra

Multitalent bei viralen Atemwegserkrankungen

Sowohl die Blüten als auch die Früchte des Holunders sind seit Langem als Lebensmittel beliebt, weshalb er in vielen Bauerngärten und Wallhecken angepflanzt wurde. Seine Blüten wurden bereits im Altertum und im Mittelalter als Heilmittel bei Menschen und Tieren angewendet. In wissenschaftlichen Studien bei Tieren konnte seine immunstimulierende Wirkung, unter anderem bei Infektion mit Leishmanien, nachgewiesen werden.

Wirkstoffe

Die Blüten enthalten entzündungshemmend wirkende Flavonoide und Hydroxyzimtsäuren, schleimlösend und immunstimulierend wirkende Polysaccharide und antibakteriell und antiviral wirkende ätherische Öle.

Zubereitungsformen und Dosierungen

Holunderblüten werden vor allem innerlich angewendet.

Innerliche Anwendung

Durch den milden Geschmack, antivirale und schleimlösende Wirkstoffe, eignen sie sich gut bei Katzenschnupfen und anderen Erkrankungen der Atemwege oder viralen Infektionen im Magen-Darm-Trakt.

Tee

1 TL zerkleinerte Holunderblüten (ca. 1,8 g) mit 150 ml heißem, nicht mehr kochendem Wasser übergießen, 15 Minuten ziehen lassen und dann abseihen.
Dosierung bei akuten Erkrankungen: 3-mal täglich 2 ml pro 1 kg Körpergewicht für 3–5 Tage

Merkmale

Strauch
3–7 m hoch
Blüte
Juni–Juli
weiß-beige Blütenblätter
Staubbeutel gelb
flache oder schwach gewölbte Blütendolden mit vielen 5–7 mm großen Blüten
Blätter
bestehend aus 3–9 Fiederblättchen
Blattrand gezähnt
gegenständig
Frucht
rund, schwarzviolett, 4–6 mm

Vorkommen
stickstoffreiche Böden
feuchte Waldränder
Sammelzeitpunkt
zur Vollblüte im Juni
Verwendeter Bestandteil
Blüten
Wirkung
antiviral, antibakteriell, schleimlösend, immunstimulierend

Anwendungsgebiete

Innerlich
Entzündungen und Infektionen der Atemwege inklusive Katzenschnupfen; virale Infektionen

Dosierung bei chronischem Katzenschnupfen: 1-mal täglich 2 ml pro 1 kg Körpergewicht

Glycerin-Extrakt

10 g getrocknete Holunderblüten mit 30 ml Wasser und 70 ml Glycerin (> 99 %ig) extrahieren (→ Seite 68 f.).
Dosierung bei akuten Erkrankungen: 3-mal täglich 0,3 ml pro 1 kg Körpergewicht
Dosierung bei chronischem Katzenschnupfen: 1-mal täglich 0,5 ml pro 1 kg Körpergewicht

Sinnvolle Kombinationen

Besonders bei Katzenschnupfen bietet sich die Kombination mit immunstimulierend wirkendem Sonnenhut, schleimlösender Schlüsselblume und Inhalation mit entzündungshemmender Kamille an.

Nebenwirkungen, Gegenanzeigen und Kontraindikationen

Es sind keine bekannt.

INFO

VERWECHSLUNGSGEFAHR

Schwarzer Holunder kann leicht mit Zwergholunder *(Sambucus ebulus)* verwechselt werden, dessen Staubbeutel jedoch purpurfarben sind.

Echtes JOHANNISKRAUT

Hypericum perforatum

Gelbes Kraut für gute Laune

Bereits in der Antike wurde Johanniskraut nach Verbrennungen angewendet, während seine stimmungsaufhellende Wirkung erst seit dem Mittelalter bekannt ist. Der antidepressive und angstlindernde Effekt des Johanniskrauts konnte nicht nur beim Menschen, sondern auch beim Tier wissenschaftlich nachgewiesen werden.
Bei Katzen ist Johanniskraut eine der am häufigsten verwendeten Heilpflanzen zur Behandlung von Verhaltensstörungen und wird zum Beispiel erfolgreich bei Angstzuständen, psychogenem Haarausfall und Stubenunreinheit angewendet. Auch wenn eine Therapie mit Johanniskraut oft bereits Linderung verschafft, sollte immer auch der Auslöser für die Verhaltensauffälligkeiten gesucht und beseitigt werden.

Wirkstoffe

In den letzten Jahren wurden zahlreiche wissenschaftliche Studien über den Wirkmechanismus des Johanniskrauts durchgeführt. Die stimmungsaufhellenden Effekte beruhen demzufolge auf einer Wirkstoffkombination, die sowohl Neurotransmitter und Enzyme des Nervensystems als auch den Tag-Nacht-Rhythmus beeinflusst.

Die im Johanniskraut enthaltenen Flavonoide und das Antrachinon-Derivat Hypericin wirken entzündungshemmend und wundheilungsfördernd.

Merkmale

Ausdauernde Staude
30–60 cm hoch

Blüte
Juli–August
5 goldgelbe Blütenblätter,
am Rand schwarz punktiert
in vielblütigen Rispen
Blütenblätter an einer Seite
gezähnt
färbt sich beim Zerreiben rot

Blätter
durchscheinend punktiert
1–2 cm lang
gegenständig

Stängel
zweikantig, stark verzweigt

Vorkommen
Weiden, Heiden, Brachflächen,
Waldränder
magere Böden
häufig als Pionierpflanze

Sammelzeitpunkt
Juli/August

Verwendeter Bestandteil
oberirdische Teile der Pflanze

Wirkung
entzündungshemmend, wundheilungsfördernd, antibakteriell,
angstlösend, antidepressiv

Anwendungsgebiete

Äußerlich
Automutilation und schwer
heilende Wunden,
Verbrennungen 1. Grades

Innerlich
Angstzustände, psychogener
Haarausfall, Stubenunreinheit,
Aggression, Trauer,
Hyperästhesie

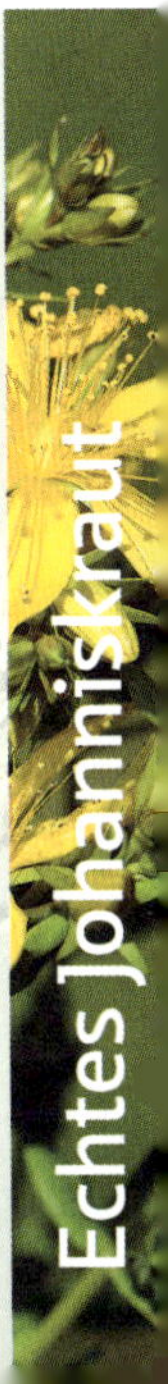

Zubereitungsformen und Dosierungen

Johanniskraut kann sowohl äußerlich als auch innerlich angewendet werden. Besonders bei Automutilation werden beide Formen gemeinsam angewendet.

Äußerliche Anwendung

Äußerlich wird Johanniskraut bei schwer heilenden Wunden, auch durch Automutilation (→ Seite 40), und Verbrennungen ersten Grades in Form eines Öl-Extraktes verwendet, der wegen seiner Farbe umgangssprachlich auch als »Rotöl« bezeichnet wird.

Öl

10 g Johanniskrautblüten werden mit 100 ml Sonnenblumenöl extrahiert (→ Seite 70).
Für schlecht heilende Wunden und Verbrennungen ersten Grades werden sterile Kompressen mit dem Öl getränkt und im Idealfall locker mittels Verband für 8–10 Stunden auf den Wunden fixiert. Duldet Ihre Katze keinen Verband, können Sie die Wunde mehrmals täglich mit dem Johanniskraut-Öl betupfen. Versuchen Sie zu vermeiden, dass Ihre Katze das Öl sofort wieder abschleckt, z. B. indem Sie anschließend Ihre Katze füttern oder mit ihr spielen.

Innerliche Anwendung

Innerlich findet Johanniskraut Anwendung bei einer Vielzahl von Verhaltensstörungen. Hierzu zählen Angstzustände, psychogener Haarausfall, Stubenunreinheit, Aggression, Trauer und Hyperästhesie. Sie können Johanniskraut als Tee oder Frischpflanzen-Presssaft verabreichen oder in getrockneter Form mit dem Futter mischen. Besonders bei Verhaltensstörungen ist es wichtig, nicht nur die Symptome zu behandeln, sondern auch die auslösende Ursache zu ermitteln und abzustellen (→ Seite 36 ff.).

Tee

2 TL getrocknetes Johanniskraut werden mit 150 ml kochendem Wasser übergossen und nach 5–10 Minuten Ziehzeit abgeseiht.
Dosierung: 2-mal täglich 2 ml pro 1 kg Körpergewicht für mindestens 4 Wochen

Frischpflanzen-Presssaft

Johanniskraut ist in vielen Reformhäusern und Apotheken auch als Frischpflanzen-Presssaft erhältlich.
Dosierung: 2-mal täglich 0,2 ml pro 1 kg Körpergewicht mit der gleichen Menge Wasser gemischt für mindestens 4 Wochen

Getrocknetes Johanniskraut

Johanniskraut kann in getrockneter Form unter das Futter gemischt werden.
Dosierung: 1-mal täglich 0,1 g pro 1 kg Körpergewicht für mindestens 4 Wochen

Sinnvolle Kombinationen

Bei schlecht heilenden Wunden und Automutilation (→ Seite 40) kann Johanniskraut äußerlich in Kombinationen mit Eibisch oder Lavendel sinnvoll sein. Innerlich kann Johanniskraut je nach Erkrankung mit Lavendel oder Melisse kombiniert werden.

Nebenwirkungen, Gegenanzeigen und Kontraindikationen

In Verbindung mit intensiver Sonneneinstrahlung können Schwellungen und Rötungen der Haut auftreten (Fotosensibilität). Bei therapeutischer Dosierung ist dies jedoch nicht zu erwarten.

INFO

VERWECHSLUNGSGEFAHR

Das Echte Johanniskraut kann leicht mit dem Gefleckten Johanniskraut *(Hypericum maculatum*; Stängel jedoch mindestens vierkantig und Blätter am Rand schwarz punktiert) und dem Geflügelten Johanniskraut *(Hypericum tetrapterum*; Stängel mit vier geflügelten Kanten) verwechselt werden. Beide sind wirkungslos, aber ungiftig.

Geflecktes Johanniskraut

Echte KAMILLE
Matricaria chamomilla

Multitalent gegen Magengeschwüre

Die zurückgeschlagenen Blütenblätter und der hohle Blütenboden sind die wichtigsten Erkennungsmerkmale der Echten Kamille. Beim Kauf sollten Sie Kamille in Arzneibuchqualität wählen, weil Kamille in Lebensmittelqualität keine bis wenig Echte Kamille enthält. Zwar sehen einige ihrer Verwandten der Echten Kamille sehr ähnlich, doch sie besitzen kaum heilende Wirkung.
Die Kamille ist eine der ältesten bekannten und am besten erforschten Heilpflanzen, deren vielfältige Heilwirkung inzwischen weltweit genutzt wird.

Wirkstoffe
Ihre Blüten enthalten die ätherischen Öle alpha-Bisabolol und Chamazulen, die entzündungshemmend,

antibakteriell, antiviral und gering antimykotisch wirken. Alpha-Bisabolol hemmt außerdem die Pepsin-Sekretion im Magen und wirkt so gegen Magenschleimhautentzündungen und -geschwüre.
Die Schleimstoffe der Kamille wirken immunstimulierend und schleimhautschützend, die Flavonoide krampflösend, entzündungshemmend und wundheilungsfördernd.

Zubereitungsformen und Dosierungen

Kamillenblüten können sowohl äußerlich als auch innerlich angewendet werden.

Äußerliche Anwendung

Bei Wunden und Entzündungen der Haut, Bindehaut, Ohren und Scheide wird Kamille äußerlich als Aufguss oder Tinktur angewendet.

Aufguss

1 gehäufter EL Kamillenblüten (ca. 3 g) wird mit 150 ml nicht mehr kochendem Wasser übergossen und nach 5–10 Minuten Ziehzeit abgeseiht.
Der Aufguss kann für Spülungen des Auges, des Ohres und des Genitalbereichs verwendet werden.
Mit Kamillenaufguss getränkte Kompressen oder Tücher können mehrmals täglich für 5–10 Minuten auf die Augenlider oder entzündete Hautareale aufgelegt werden.

Tinktur

10 g Kamillenblüten werden mit 100 ml 40 %igem Alkohol extrahiert (→ Seite 64). 1 TL Tinktur (ca. 5 ml) wird mit 250 ml Wasser verdünnt und analog zum Aufguss als Spülung für Augen, Ohren und Genitalbereich oder Kompresse auf Augenlidern und Wunden verwendet. Mit Kamillentinktur getränkte Kompressen oder Tücher können mehrmals täglich für 5–10 Minuten auf die Augenlider oder entzündete Hautareale aufgelegt werden.

Merkmale

1-jährige Staude
15–40 cm hoch

Blüte
Mai–August
Korbblütler
weiße 5–10 mm lange Zungenblüten, zurückgeschlagen
Boden kegelförmig mit gelben Röhrenblüten, innen hohl

Blätter
2–3-fach fiederspaltig
schmale, linealische Abschnitte

Stängel
mehrfach geteilt

Vorkommen
frische, nährstoffreiche, kalkarme Böden
Lehmanzeiger
Getreidefelder, Wegränder, Schuttplätze

Sammelzeitpunkt
ab Mai/Juni

Verwendeter Bestandteil
Blüten

Wirkung
krampflösend, entzündungshemmend, antimikrobiell, immunstimulierend, wundheilungsfördernd

Anwendungsgebiete

Äußerlich
Wunden und Entzündungen der Haut, Bindehautentzündung, Ohrenentzündung, Scheidenentzündung, Atemwegserkrankungen

Innerlich
Magenschleimhautentzündung und -geschwüre, krampfartige Bauchschmerzen, Durchfall, Atemwegserkrankungen

Innerliche Anwendung

Gegen krampfartige Bauchschmerzen, Durchfall, Atemwegserkrankungen werden Kamillenblüten innerlich als Aufguss oder Glycerin-Extrakt verwendet. Der Aufguss kann auch zur Inhalation bei Atemwegserkrankungen, z. B. Katzenschnupfen, verwendet werden.
Bei Magenschleimhautentzündungen und -geschwüren sollte Kamille morgens eine halbe Stunde vor Fütterung erfolgen.

Aufguss

1 gehäufter EL Kamillenblüten (ca. 3 g) wird mit 150 ml nicht mehr kochendem Wasser übergossen und nach 5–10 Minuten Ziehzeit abgeseiht.
Dosierung: 3-mal täglich 1,5 ml pro 1 kg Körpergewicht
Dosierung bei Magengeschwüren: bevorzugt lauwarm 5-mal täglich 1 ml pro 1 kg Körpergewicht

Inhalation

1 gehäufter EL Kamillenblüten (ca. 3 g) wird mit 1 l nicht mehr kochendem Wasser übergossen, und die Dämpfe werden inhaliert (→ Seite 70 f.).
Dosierung: 3-mal täglich für 5–10 Minuten inhalieren

Glycerin-Extrakt

10 g Kamillenblüten werden mit 70 g Glycerin (> 99 %) und 30 ml Wasser extrahiert (→ Seite 68 f.).
Dosierung: 3-mal täglich 0,3 ml pro 1 kg Körpergewicht

Dosierung bei Magengeschwüren: 5-mal täglich 0,2 ml pro 1 kg Körpergewicht

Sinnvolle Kombinationen

Bei Katzenschnupfen und anderen Atemwegserkrankungen bietet sich die Kamille-Inhalation in Kombination mit der innerlichen Verabreichung von Holunder, Schlüsselblume und Sonnenhut an.
Bei Erkrankungen der Verdauungsorgane bieten sich Kombinationen mit Eibisch oder Melisse an.

Nebenwirkungen, Gegenanzeigen und Kontraindikationen

Bei Allergien gegen Korbblütler sollte auf die Anwendung der Kamille verzichtet werden. Besonders, wenn die Echte Kamille mit Blüten der Hundskamille verunreinigt ist, können allergische Reaktionen auftreten.

Die Zungenblüten der Hundskamille sind nicht zurückgeschlagen.

KNOBLAUCH

Allium sativum

Schwach giftig!

Übel riechendes Parasitenmittel

Wichtig: Schwach giftig!

In mehreren Studien erwies Knoblauch sich als wirksam gegen Magen-Darm-Würmer und Kokzidien. Aufgrund seiner giftigen Wirkung sollte die Anwendung von Knoblauch bei Katzen auf diese Indikation beschränkt werden.

Wirkstoffe

Knoblauch enthält im frischen Zustand die Aminosäure Alliin und das Enzym Alliinase. Bei der Zerstörung der Zellen, z. B. während der Verdauung, spaltet die Alliinase aus Alliin pharmakologisch aktive Substanzen, z. B. Ajoen, ab.

Zubereitungsformen und Dosierungen

Knoblauch wird in Pulverform angewendet.

Innerliche Anwendung

Getrocknetes Knoblauchpulver

Knoblauchpulver mit einer Briefwaage wiegen und exakt dosieren. Mit dem normalen Futter vermischt fressen die meisten Katzen Knoblauch problemlos.
Dosierung: 1-mal täglich 0,1 g pro 1 kg Körpergewicht

Nebenwirkungen, Gegenanzeigen und Kontraindikationen

Bei Überdosierung kommt es zu Erbrechen, Durchfall, Herzrasen, Atembeschwerden und Zerstörung der roten Blutkörperchen.

Merkmale

Ausdauerndes Kraut
bis 90 cm hoch
Blüte
rosa-rötlich
in fast kugeligen Dolden
Blätter
bläulich, linealisch
Wurzel
ausdauernde Zwiebel
vermehrt sich durch Teilung;
bildet so Zehen

Vorkommen
Gartenpflanze
Erntezeitpunkt
Herbst
Verwendeter Bestandteil
Zehen
Wirkung
antiparasitisch

Anwendungsgebiete

Innerlich
Magen-Darm-Parasiten

Echter **LAVENDEL**

Lavandula officinalis

Duftende Beruhigung

Lavendel stammt ursprünglich aus dem Mittelmeerraum, wird aber inzwischen in fast ganz Europa als Gartenpflanze kultiviert. Seine intensiv duftenden Blüten wurden bereits im Altertum medizinisch genutzt. In aktuellen Vergleichsstudien zeigte sich der Lavendel ähnlich wirksam wie chemische Vergleichspräparate. Bei Katzen kann er zum Beispiel bei Angststörungen, aber auch bei übermäßiger Aggression und Zwangshandlungen angewendet werden.

Wirkstoffe

Lavendelblüten enthalten bis zu 3 % ätherische Öle, welche für die angstlösende, beruhigende, aber auch antibakterielle und insektenrepellierende Wirkung des Lavendels verantwortlich sind. In experimentellen Studien bei Mäusen ist die beruhigende Wirkung des Lavendels mit der von Diazepam (Valium®) vergleichbar. Die Kaffeesäureester und Flavonoide des Lavendels wirken entzündungshemmend und juckreizstillend.

Zubereitungsformen und Dosierungen

Lavendel kann sowohl äußerlich als auch innerlich angewendet werden.

Äußerliche Anwendung

Als Insektenrepellens wird die Tinktur aufgrund des höheren Gehaltes an ätherischen Ölen bevorzugt. Auf Wunden kann auch der Aufguss verwendet werden.

Merkmale

Ausdauernder Strauch
bis 80 cm hoch
Blüte
Juni–August
violett
5 teilweise verwachsene Blütenblätter
Blätter
lanzettlich, ungestielt, meist ganzrandig
Stängel
jung oft vierkantig
Vorkommen
Gartenpflanze
sonnige, trockene Böden

Sammelzeitpunkt
Juni–August
Verwendeter Bestandteil
Blüte
Wirkung
angstlösend, beruhigend, juckreizstillend, repellierend, krampflösend

Anwendungsgebiete

Äußerlich
Insektenrepellens, Wunden
Innerlich
Ängstlichkeit, Unruhe, juckende Hauterkrankungen

Tinktur

Durch die Zubereitung als Tinktur bleiben die insektenrepellierend wirkenden ätherischen Öle im Extrakt enthalten. 10 g Lavendelblüten werden mit 100 ml 40 %igem Ethanol extrahiert (→ Seite 64 f.). Zwar wäre 70 %iger Ethanol für die Anwendung als Insektenrepelens noch wirksamer, doch falls eine Katze den Extrakt abschleckt, zu schädlich. Die fertige Tinktur wird 1:10 mit Wasser verdünnt und kann 1- bis 2-mal täglich auf das Fell der Katze gesprüht oder gerieben werden.

Aufguss

1 TL Lavendelblüten (ca. 0,8 g) mit 150 ml kochendem Wasser übergießen, 10 Minuten ziehen lassen und abseihen. Juckende Wunden und Hautentzündungen mehrmals täglich betupfen.

Innerliche Anwendung

Innerlich findet Lavendel bei Katzen vor allem gegen Angststörungen und übertriebene Aggression Anwendung, wird aber auch erfolgreich bei psychogenem Haarverlust und Automutilation angewendet.

Aufguss

1 TL Lavendelblüten (ca. 0,8 g) mit 150 ml kochendem Wasser übergießen, 10 Minuten ziehen lassen und abseihen.

Dosierung: 3-mal täglich 5 ml pro 1 kg Körpergewicht

Kombinationen

Als Insektenrepellens kann Lavendel mit Melisse kombiniert werden. Bei Angststörungen und Verhaltensänderungen kommen häufig Kombinationen mit Johanniskraut und Melisse zum Einsatz. Kombinationen mit Johanniskraut, Ringelblume oder Eibisch eignen sich zur Therapie von schlecht heilenden, juckenden Wunden.

Nebenwirkungen, Gegenanzeigen und Kontraindikationen

Es sind keine bekannt.

INFO

BIENENWEIDE

Viele der in diesem Buch vorgestellten Heilpflanzen sind eine wichtige Nahrungsquelle für Bienen und andere Insekten. Der Anbau von Heilpflanzen auf dem Balkon oder im eigenen Garten liefert also auch auf diese Weise einen wertvollen Beitrag zum Naturschutz. Besonders hervorzuheben sind hier die Silberweide als Frühblüher und die intensiv duftenden Lavendel und Melisse. Obwohl die Extrakte der letzten beiden insektenrepellierend wirken, sind sie eine bevorzugte Nahrungsquelle für Bienen und Ursprung besonders aromatischen Honigs.

ZitronenMELISSE
Melissa officinalis

Vielseitige Gartenpflanze

Bereits im Altertum wurde die Melisse in Griechenland nicht nur als Heilpflanze bei krampfartigen Bauchschmerzen, sondern auch als Bienenweide angebaut. Seit dem 16. Jahrhundert ist sie auch in Deutschland bekannt. Ihre Blätter duften aufgrund der enthaltenen ätherischen Öle intensiv nach Zitronen.
In Italien wird Zitronenmelisse zur Steigerung der Milchproduktion an Kühe verfüttert und kann auch säugenden Katzen zur Unterstützung der Milchbildung verabreicht werden.

Wirkstoffe

Melissenblätter enthalten bis zu 4 % Rosmarinsäure, die verantwortlich ist für die krampflösende und schmerzlindernde Wirkung. Für den antiviralen Effekt der wässrigen Extrakte sind Flavonoide verantwortlich. In experimentellen Studien verkürzte sich die Heilungszeit von Herpes-simplex-Läsionen um circa die Hälfte. Für den insektenrepellierenden Effekt macht man sich die ätherischen Öle der Melisse zunutze.

Zubereitungsformen und Dosierungen

Melisse kann sowohl innerlich als auch äußerlich angewendet werden.

Äußerliche Anwendung

Äußerlich wird die Melisse bei Katzen ausschließlich als Insektenrepellens verwendet.

Merkmale

Ausdauernde Staude
20–90 cm hoch
Blüte
Juni–August
weiß
5 teilweise verwachsene Blütenblätter
Blätter
eiförmig mit flacher Basis
Blattrand gesägt
Stängel
behaart
Vorkommen
Gartenpflanze
sonnige, trockene Böden

Sammelzeitpunkt
Juni–August
Verwendeter Bestandteil
Blätter
Wirkung
krampflösend, beruhigend, schmerzlindernd, antiviral

Anwendungsgebiete

Äußerlich
Insektenrepellens
Innerlich
krampfartige Bauchschmerzen, Angstzustände, innere Unruhe, Unterstützung Milchbildung

Tinktur

Durch die Zubereitung als Tinktur bleiben die insektenrepellierend wirkenden ätherischen Öle im Extrakt enthalten. 10 g Melissenblätter werden mit 100 ml 40 %igem Ethanol extrahiert. (70 %iger wäre noch wirksamer, aber sollte die Katze den Extrakt abschlecken, gegebenenfalls schädlich.)
Die fertige Tinktur wird 1:10 mit Wasser verdünnt und kann 1- bis 2-mal täglich auf das Fell der Katze gesprüht oder gerieben werden.

Innerliche Anwendung

Innerlich findet Melisse vor allem Anwendung gegen krampfartige Bauchschmerzen, die sowohl vom Magen-Darm-Trakt als auch von den Harn- und Geschlechtsorganen ausgehen können. Auch zur Beruhigung bei Angstzuständen, psychogenem Haarausfall und Automutilation wird Melisse erfolgreich bei Katzen eingesetzt. Aufgrund seiner antiviralen Eigenschaften ist der Aufguss auch zur unterstützenden Therapie bei Katzenschnupfen geeignet.

Aufguss

1 TL Melissenblätter (ca. 1 g) mit 150 ml kochendem Wasser übergießen, 10 Minuten ziehen lassen und abseihen.
Dosierung bei krampfartigen Bauchschmerzen:
3-mal täglich 2,5 ml pro 1 kg Körpergewicht

Dosierung bei Verhaltensänderungen: 1-mal täglich 5 ml pro 1 kg Körpergewicht

Getrocknete Melisse

Viele Katzen fressen getrocknete Melisse freiwillig, wenn sie mit dem Futter gemischt wird.
Dosierung bei krampfartigen Bauchschmerzen: 3-mal täglich 0,1 g pro 1 kg Körpergewicht
Dosierung bei Verhaltensänderungen: 1-mal täglich 0,2 g pro 1 kg Körpergewicht

Kombinationen

Zur insektenrepellierenden Wirkung kann Melisse mit Lavendel zusammen angewendet werden.
Gegen Bauchschmerzen wird sie häufig mit Kamille und bei Verhaltensänderungen mit Johanniskraut oder Lavendel kombiniert.
Bei Katzenschnupfen wird Melisse mit Sonnenhut, Holunder und Schlüsselblume kombiniert.

Nebenwirkungen, Gegenanzeigen und Kontraindikationen

Es sind keine bekannt.

Weißbeerige MISTEL

Viscum album

Giftig!

Pflanzliche Krebstherapie

Wichtig! Giftig, nur nach Absprache mit dem Tierarzt anwenden!

Die Mistel ist ein »Schmarotzer«, die von ihrem Wirtsbaum Wasser und Salze bezieht. Obwohl die Mistel selbst »geschwürartig« auf ihrem Wirtsbaum lebt, ist sie selbst ein effektives Tumortherapeutikum. Ihre krebshemmende Wirkung ist in der Humanmedizin seit Langem bekannt und wird seit 2001 auch in der Tiermedizin erforscht. Bei Katzen werden Mistelpräparate erfolgreich zur unterstützenden Therapie bei Fibrosarkomen eingesetzt. Die Therapie sollte nur unter Anleitung eines Tierarztes und nur mit Fertigprodukten erfolgen.

Wirkstoffe

Der Wirkungsmechanismus der Mistel bei Tumorerkrankungen konnte bisher nicht eindeutig aufgeklärt werden. Gesichert ist, dass die enthaltenen Lectine und Viscotoxine sowohl entzündungsauslösend als auch -hemmend wirken, sodass es insgesamt zu einem verlangsamten Tumorwachstum und verbessertem Allgemeinbefinden kommt.

Nebenwirkungen, Gegenanzeigen und Kontraindikationen

Die Mistel sollte nicht angewendet werden, wenn Infektionen oder Eiweißallergien vorliegen.

Merkmale

Nestartig auf Bäumen
bis 40 cm hoch
Blüte
Februar–April
Pflanzen entweder männlich oder weiblich
zu 3–5 in Büscheln
4 gelbe Blütenblätter
Blätter
spatelförmig
Stängel
mehrfach verzweigt
Vorkommen
wächst bevorzugt auf Pappeln, Weiden und Apfelbäumen

Verwendeter Bestandteil
ganze Pflanze
Wirkung
immunmodulierend, antitumoral

Anwendungsgebiete

Innerlich
zur Unterstützung in der Tumortherapie

GartenMÖHRE

Daucus carotus subsp. sativus

Wurzelgemüse gegen Durchfall

Die Wurzeln der Gartenmöhre sind seit Langem als schmackhaftes Gemüse beliebt. Weniger bekannt ist, dass sie ein äußerst wirksames Therapeutikum gegen Durchfallerkrankungen darstellen. Nach Einführung der Antibiotika in Vergessenheit geraten, sind sie in den letzten Jahren auch von der Schulmedizin wiederentdeckt worden. Dort werden sie gegen antibiotika-resistente Bakterien und als Alternative zur Antibiotika-Therapie verwendet.
Bereits im antiken Griechenland und Rom wurden Möhren bei Befall mit Magen-Darm-Würmern verwendet. Nach neueren wissenschaftlichen Erkenntnissen beruht dieser Effekt vor allem auf einer Stabilisierung der physiologischen Darmflora.

Wirkstoffe

Die Karotte enthält Oligo- und Polysaccharide. Bei langer Kochzeit entstehen daraus Kohlenhydratstrukturen, die der Darmoberfläche ähneln und schädliche Bakterien binden. Weitere Inhaltsstoffe sind Phytosterole, Carotinoide (Provitamine A) und ätherische Öle.

Zubereitungsformen und Dosierungen

Die Möhre wird ausschließlich innerlich verabreicht.

Innerliche Anwendung

Bei akuten oder chronischen Durchfallerkrankungen wird die Möhre bevorzugt als sogenannte Morosche Karotten- oder Möhrensuppe verabreicht. Zur Unter-

Merkmale

2-jähriges Kraut
bis 120 cm hoch

Blüte
blüht erst im zweiten Jahr; die Wurzel wird bereits im ersten Jahr geerntet

Blätter
fiederteilig

Wurzel
dicke orange Pfahlwurzel

Vorkommen
Gartenpflanze
nährstoffreiche Böden

Erntezeit
Sommer

Verwendeter Bestandteil
Wurzel

Wirkung
antimikrobiell, durchfallhemmend, mindert Wurmbefall, fruchtbarkeitssteigernd

Anwendungsgebiete

Innerlich
Durchfall, Wurmbefall, Fruchtbarkeitsstörungen

stützung der physiologischen Darmflora, zum Beispiel bei Wurmbefall, können Sie Ihrer Katze die Möhre auch als Saft oder in normal gekochter Form verabreichen.

Morosche Möhrensuppe

Hierfür werden 500 g geschälte Möhren mit 1 l Wasser für 1–1,5 Stunden gekocht und püriert. Die Gesamtmenge gegebenenfalls auf 1 l auffüllen und 3 g Meersalz zugeben. Sie können die Suppe auch mit Wasser verdünnen, bis sie so dünn ist, dass sie in einer Spritze aufgezogen werden kann. Suppenreste können problemlos für zukünftige Anwendungen eingefroren werden.
Dosierung: 3-mal täglich ½ TL

Möhrensaft

Möhrensaft wird zur Unterstützung der physiologischen Darmflora mit dem Futter gemischt oder mit einer Spritze direkt in den Mund eingegeben.
Dosierung: 1-mal täglich 1 ml Möhrensaft pro 1 kg Körpergewicht

Gekochte Möhren

Die Möhren werden klein geschnitten und mit wenig Wasser weich gekocht, anschließend püriert und mit dem normalen Nassfutter gemischt.
Dosierung: 1-mal täglich ½–1 TL gekochte Möhren pro Katze

Nebenwirkungen, Gegenanzeigen und Kontraindikationen

Es sind keine bekannt.

INFO

GESUNDE DARMFLORA

Im Darm unserer Katzen leben eine Vielzahl unterschiedlicher Darmbakterien, die für die Verdauung eine essenzielle Rolle spielen. Werden diese Bakterien, z. B. durch Antibiotika, zerstört oder liegen Imbalancen vor, kommt es zu Durchfällen. Da Fructooligosaccharide ein wichtiger Nahrungsbestandteil der physiologischen Darmflora sind, können die guten Bakterien aus dem Darm durch eine entsprechende Ernährung wirkungsvoll unterstützt werden. Fructooligosaccharid-reich sind neben der Gartenmöhre auch Bananen, Tobinambur und Schwarzwurzeln. Bei besonders schwerwiegenden Imbalancen kann ein Teil der guten Bakterien auch durch stichfesten Naturjoghurt oder auf die Katze abgestimmte Probiotika zugeführt werden.

RINGELBLUME

Calendula officinalis

Die Wundheilerin

Die auffällig blühende Ringelblume findet sich aufgrund ihres Aussehens, aber auch wegen ihrer als Heilmittel und zum Färben geeigneten Blüten in vielen Bauerngärten. Ein positiver Nebeneffekt in Gärten ist ihre schneckenabwehrende Wirkung, da sowohl ihre Blätter als auch Blüten giftig für mehrere Schneckenarten sind.
Sie wurde bereits vor 5000 Jahren in Ägypten abgebildet und erhielt ihren lateinischen Namen von den Römern, weil sie vom frühen Frühjahr bis zum ersten Frost ähnlich einem »Kalender« stetig neue Blüten hervorbringt. Als Heilpflanze wurde sie im 12. Jahrhundert von Hildegard von Bingen erstmalig beschrieben und bei entzündlichen Erkrankungen der Haut und Schleimhaut ange-

wendet. In mehreren wissenschaftlichen Studien konnte inzwischen nachgewiesen werden, dass die Ringelblume die Wundheilung hochsignifikant beschleunigt. Weniger bekannt ist der schmerzlindernde Effekt.

Wirkstoffe

Ringelblumenblüten enthalten Carotinoide, die chemisch mit Vitamin A verwandt sind und die Wundheilung fördern. Für den entzündungshemmenden Effekt der Ringelblume sind Flavonoide und Triterpene verantwortlich. Insgesamt enthalten Ringelblumenblüten über 60 wirksame Komponenten, deren Wirkweise im Einzelnen noch nicht geklärt ist.

Merkmale

1-jähriges Kraut
bis 70 cm
Blüte
Juni–Oktober
Korbblütler
gelb-orange
Blütendurchmesser bis 4 cm
Blätter
lanzettlich bis eiförmig, behaart
Stängel
kantig, behaart
Vorkommen
Gartenpflanze und verwildert
nährstoffreiche, lose Böden
Sammelzeitpunkt
Juni–Oktober

Verwendeter Bestandteil
Blüte (nur Zungenblüten!)
Wirkung
antiseptisch, entzündungshemmend, wundheilungsfördernd, immunstimulierend

Anwendungsgebiete

Äußerlich
Wunden, Entzündungen der Haut

Zubereitungsformen und Dosierungen

Ringelblumenblüten können äußerlich in Form von Aufgüssen, Tinkturen, Ölen und Salben angewendet werden.

Äußerliche Anwendung

Ein Aufguss der Zungenblüten gehört zu den effektivsten Heilmitteln bei verschmutzten Wunden. Auch Tinktur und Öl können bei Katzen, insbesondere bei schlecht heilenden, infizierten oder schmerzenden Wunden, angewendet werden.

Aufguss

Das effektivste Mittel zur Wundreinigung ist ein frisch hergestellter Aufguss. 2 TL (ca. 1,6 g) getrocknete Zungenblüten werden mit 150 ml kochendem Wasser übergossen. Nach 10 Minuten Ziehzeit wird der Aufguss abgeseiht.
Die verschmutzten Wunden werden mit dem Aufguss gespült, um sichtbare Verunreinigungen und auch Keime zu entfernen. Bei der Katze hat es sich bewährt, die Wunde anschließend mehrmals täglich mit einer getränkten Kompresse oder einem Wattepad zu betupfen. Auch schlecht heilende Wunden oder Entzündungen der Haut werden mehrmals täglich mit einer getränkten Kompresse bzw. einem Wattepad betupft. Wunden gut spülen, anschließend das Tier mindestens 3-mal täglich behandeln.

Tinktur

Zwar ist ein frischer Aufguss vorzuziehen, doch nicht immer hat man die Möglichkeit, diesen zu Hause zuzubereiten. Für diese Fälle ist es sinnvoll, immer eine Flasche Ringelblumen-Tinktur vorrätig zu haben. 10 g Zungenblüten mit 100 ml 40%igem Alkohol extrahieren (→ Seite 64 f.).
1 TL Tinktur (ca. 5 ml) mit 250 ml Wasser verdünnen. Verdünnte Tinktur wie den Aufguss verwenden.

Öl

Besonders bei trockenen, schuppigen Hauterkrankungen eignet sich Ringelblumenöl zur äußerlichen Behandlung. 10 g Zungenblüten werden im Mörser fein zerrieben und mit 100 ml Mandelöl in einem lichtdichten, luftdicht abgeschlossenen Glas extrahiert. Das Öl sollte mindestens 14 Tage an einem dunklen, nicht zu kühlen Ort ziehen, bevor es abgeseiht wird. Betroffene Hautareale mehrmals täglich mit dem Öl einreiben.

Nebenwirkungen, Gegenanzeigen und Kontraindikationen

Ringelblumenblüten sollten nicht angewendet werden, wenn Allergien gegen andere Korbblütler vorliegen. Um das Auftreten von Allergien zu vermeiden, sollten nur die Zungenblüten verwendet werden.

Echte SCHLÜSSELBLUME

Primula veris

Wertvoller Schleimlöser

Wichtig! Schlüsselblumen stehen unter Naturschutz; sie dürfen in der Natur nicht gesammelt werden, können aber als Gartenpflanze kultiviert oder käuflich erworben werden.

In der nordischen Mythologie galt die Schlüsselblume als Lieblingsblume der Elfen. Ihren deutschen Namen erhielt die Schlüsselblume, weil ihre Blütendolde einem Schlüsselbund ähnelt. Als Legende wird erzählt, dass der heilige Petrus seine Schlüssel auf die Erde fallen ließ und an dieser Stelle die »Himmelsschlüssel« wuchsen.
Erst im Mittelalter fand sie als Heilpflanze Eingang in medizinische Kräuterbücher. Inzwischen konnte ihre schleimlösende und entzündungshemmende Wirkung

auf die Atemwege auch wissenschaftlich bestätigt werden. Beim erwachsenen Menschen werden nicht nur die Blüten, sondern auch die Wurzeln verwendet, die einen höheren Wirkstoffgehalt haben. Die Wurzeln sind jedoch wenig schmackhaft und führen häufiger zu Reizungen der Magenschleimhaut. In der Tiermedizin bevorzugt man deshalb ebenso wie in der Kinderheilkunde die Blüten der Schlüsselblume.

Wirkstoffe

Die Blüten enthalten bis zu 1,5 % Saponine. Saponine sind Lösungsvermittler zwischen Wasser und wasser-

Merkmale

Staude
10–30 cm hoch

Blüte
April–Juni
5 goldgelbe Blütenblätter mit orangenen Flecken
Blüte 0,8–1,5 cm
Dolden aus 5–20 Blüten
Kelch grün und kantig

Blätter
in Grundrosette
bis zu 12 cm lang, runzelig

Vorkommen
Wiesen, Waldränder, lichte Wälder
magere, basenreiche, meist kalkreiche Böden

Sammelzeitpunkt
Frühjahr

Verwendeter Bestandteil
Blüten mit Kelch

Wirkung
schleimlösend, entzündungshemmend, antibakteriell

Anwendungsgebiete

Innerlich
schleimige Entzündungen der Atemwege

unlöslichen Substanzen. Sie verflüssigen den Schleim bei Entzündungen der Atemwege und aktivieren zusätzlich über den Vagusnerv den Transport des Schleimes nach außen. Die Flavonoide der Echten Schlüsselblume wirken entzündungshemmend.

Zubereitungsformen und Dosierungen

Primelblüten werden meist als Aufguss verabreicht. Besonders zur Therapie von chronischem oder chronisch-wiederkehrendem Katzenschnupfen kann es jedoch sinnvoll sein, einen Glycerin-Extrakt herzustellen und immer vorrätig zu haben.

Innerliche Anwendung

Primelblüten werden sowohl bei akuten als auch bei chronischen entzündlichen Erkrankungen der Atemwege angewendet, um die Schleimlösung zu fördern und das Abniesen und -husten zu erleichtern.

Aufguss

1 TL getrocknete, zerkleinerte Blüten (das sind ca. 1,3 g) mit 100 ml kochendem Wasser übergießen, etwa 10 Minuten ziehen lassen, abseihen und gut abkühlen lassen.

Dosierung bei akuten Erkrankungen oder Schüben: 1- bis 3-mal täglich 1–2 ml pro 1 kg Körpergewicht

Dosierung bei chronischen Erkrankungen: 1-mal täglich 1 ml pro 1 kg Körpergewicht als Dauertherapie

Glycerin-Extrakt

10 g Schlüsselblumenblüten werden mit 70 g Glycerin (> 99 %ig) und 30 ml Wasser extrahiert (→ Seite 68 f.).
Dosierung bei akuten Erkrankungen oder Schüben:
1- bis 3-mal täglich 0,1–0,2 ml pro 1 kg Körpergewicht für 3–5 Tage
Dosierung bei chronischen Erkrankungen: 1-mal täglich 0,1 ml pro 1 kg Körpergewicht als Dauertherapie

Sinnvolle Kombinationen

Primelblüten sind relativ teuer, weshalb sie selten allein verwendet werden, sondern meist in reduzierter Dosierung mit weiteren schleimlösenden Heilkräutern, z. B. Holunder, kombiniert werden.
Besonders bei Katzenschnupfen ist die Kombination mit Sonnenhut sinnvoll.

Nebenwirkungen, Gegenanzeigen und Kontraindikationen

Bei Überdosierung kann es zu Magenschleimhautreizungen und Übelkeit kommen.

Purpurfarbener SONNENHUT
Echinacea purpurea

Purpurfarbene Power für die Abwehr

Die ursprünglich aus Nordamerika stammende Heilpflanze wurde von den dortigen Ureinwohnern bei Wunden, Schlangenbissen und Infektionen verwendet. Zu Beginn des 20. Jahrhunderts wurde sie nach Europa importiert, wo sie auch aufgrund ihrer attraktiven Blüten in vielen Bauerngärten angepflanzt wurde. Bereits 1933 fand die erste wissenschaftliche Studie zur immunsteigernden Wirkung des Sonnenhuts beim Menschen statt. Die positiven Ergebnisse konnten auch in neueren, placebo-kontrollierten Studien bei Tieren und Menschen belegt werden. Immunstimulanzien sollten nicht über einen längeren Zeitraum, sondern nur als 5- bis 10-tägige Kur verabreicht werden, um eine Erschöpfung des Immunsystems zu vermeiden.

Wirkstoffe

Die Wurzel des Sonnenhuts enthält Polysaccharide, welche die Aktivität weißer Blutkörperchen (Granulozyten, Makrophagen und T-Helferzellen) steigern. Des Weiteren verändern sie die Zusammensetzung der Entzündungsmediatoren: Die für die virale Abwehr wichtigen Interleukine 1 und 6 werden vermehrt gebildet, während TNF-alpha, welches unter anderem zum Absterben körpereigener Zellen führt, vermindert ausgeschüttet wird. Ebenfalls enthalten in Sonnenhut sind Kaffeesäurederivate. Sie aktivieren die Zellen des Bindegewebes und unterstützen so die Wundheilung. Weitere Inhaltsstoffe sind entzündungshemmende Flavonoide (nur in den oberirdischen Teilen) und ätherische Öle.

Merkmale

Ausdauerndes Kraut
bis 120 cm hoch
Blüte
Mai–Oktober
Korbblütler
Zungenblüten purpurfarben, leicht hängend
Röhrenblüten rot-orange
Korbboden nach oben gewölbt
Blätter
gestielt, lanzettlich, bis 12 cm lang
Blattrand meist gezähnt
Stängel
bräunlich-grün, meist behaart

Vorkommen
felsige, sonnige, nicht zu trockene Standorte
Sammelzeitpunkt
oberirdische Teile während Vollblüte im Juni–September, Wurzel im Spätherbst
Verwendeter Bestandteil
ganze Pflanze inklusive Wurzel
Wirkung
immunstimulierend, wundheilungsfördernd

Anwendungsgebiete

Steigerung der körpereigenen Abwehrkräfte, schlecht heilende Wunden

Zubereitungsformen und Dosierungen

Sonnenhut wird äußerlich bevorzugt als Frischpflanzen-Presssaft angewendet. Für die innerliche Anwendung eignen sich Presssaft und Glycerin-Extrakt.

Äußerliche Anwendung

Äußerlich werden Umschläge mit verdünntem Frischpflanzen-Presssaft zur Therapie schlecht heilender und gegebenenfalls infizierter Wunden verwendet.

Frischpflanzen-Presssaft

15 ml Frischpflanzen-Presssaft werden mit 85 ml Wasser gemischt. Mindestens 3-mal täglich eine Kompresse mit dem Sonnenhut-Wassergemisch tränken und die betroffenen Stellen für mehrere Minuten immer wieder betupfen.

Innerliche Anwendung

Innerlich wird Sonnenhut zur Steigerung der Abwehrkräfte bei akuten, chronischen oder wiederkehrenden Infektionen, besonders der Atemwege, verwendet.

Frischpflanzen-Presssaft

Der Frischpflanzen-Presssaft des Sonnenhuts ist als abwehrsteigerndes Heilmittel populär und in vielen Apotheken, Drogerien und Reformhäusern stets vorrätig.
Dosierung: 1-mal täglich 0,1 ml pro 1 kg Körpergewicht für 5–10 Tage

Glycerin-Extrakt

Zur Herstellung eines Glycerin-Extrakts 10 g Sonnenhut mit 70 g Glycerin (> 99 %ig) und 30 ml Wasser extrahieren (→ Seite 68 f.).

Dosierung: 1-mal täglich 0,2 ml pro 1 kg Körpergewicht für 5–10 Tage

Sinnvolle Kombinationen

Je nach Erkrankung kann Sonnenhut mit zum Krankheitsbild passenden Heilkräutern kombiniert werden. Sonnenhut sollte nicht mit Weidenrinde kombiniert werden, da die Wirkungen sich gegenseitig aufheben.

Nebenwirkungen, Gegenanzeigen und Kontraindikationen

Bei chronisch fortschreitenden Erkrankungen wie Leukose und Autoimmunerkrankungen sollte Sonnenhut nicht angewendet werden.

INFO

ALTERNATIVPFLANZE

Sowohl der Schmalblättrige Sonnenhut *(Echinacea angustifolia)* als auch der Blassfarbene Sonnenhut *(Echinacea pallida)* wirken identisch.

Blassfarbener Sonnenhut

SpitzWEGERICH

Plantago lanceolata

Erste Hilfe bei frischen Wunden

Spitzwegerich ist sehr trittfest und widerstandsfähig und deshalb eine der wenigen Pflanzen, die auch auf vielbegangenen Wegen gut überlebt. Als Heilpflanze sollten Sie jedoch Spitzwegerich bevorzugen, der auf ungedüngten Wiesen und Weiden wächst und nicht am Rand von Feldwegen. Auch in den meisten Gärten ist Spitzwegerich zu finden, die Pflanze wird dort jedoch häufig als Unkraut verschmäht und ausgestochen.

Sowohl die Ärzte des Altertums und des Mittelalters als auch die nordamerikanischen Ureinwohner kannten und nutzten den Spitzwegerich unter anderem bei Wunden, Atemwegs- und Magen-Darm-Erkrankungen. Die antibakteriellen Eigenschaften des Spitzwegerichs beschränken sich auf frische Zubereitungen (frische Pflanze und Frischpflanzen-Presssaft), deshalb sollte man ihnen den Vorzug geben.

Wirkstoffe

Zu den wichtigsten Inhaltsstoffen des Spitzwegerichs zählen die antibakteriell wirkenden Iridoidglycoside (2–3 % Aucubin u. a.) und sowohl reizlindernd als auch entzündungshemmend wirkende Schleimstoffe (etwa

Merkmale

Ausdauernde Staude
10–50 cm hoch

Blüte
Mai–September
2–4 mm lang mit 4 bräunlichen Zipfeln
Staubblätter ragen weit aus Blüte heraus

Blätter
in Grundrosette
lanzettförmig 10–20 cm lang und 1–2 cm breit
3–7 deutlich erkennbare Nerven

Ähre
ei- oder walzenförmig
1–4 cm lang

Stängel
blattlos; 5–7-fach gefurcht

Vorkommen
nährstoffreiche Lehmböden
weitestgehend trittfest, deshalb oft auf Weiden, Wegen oder häufig begangenen Wiesen zu finden

Sammelzeitpunkt
während der Blütezeit

Verwendeter Bestandteil
Blätter

Wirkung
antibakteriell, wundheilungsfördernd, entzündungshemmend, immunmodulierend reizlindernd, krampflösend (Atemwege und Magen-Darm-Trakt)

Anwendungsgebiete

Äußerlich
Insektenstiche, frische Hautwunden, Entzündungen der Haut

Innerlich
Entzündungen im Mund- und Rachenraum, Entzündungen und Infektionen der Atemwege und des Verdauungstraktes, Magen-Darm-Parasiten

2–6 %). Die Hautregeneration wird zusätzlich durch den hohen Zinkgehalt des Spitzwegerichs unterstützt.

Zubereitungsformen und Dosierungen

Bei Spitzwegerich bietet sich die Verwendung der frischen Pflanze oder des Frischpflanzen-Presssafts an.

Äußerliche Anwendung

Spitzwegerich ist ein schnell verfügbares Heilmittel bei Insektenstichen, Wunden und Hautentzündungen.

Frische Pflanze

Ein Bündel Blätter verknoten und zwischen den Handflächen walken, bis Blattsaft austritt, oder in einem Mörser zerreiben. Die gequetschten Blätter auf Insektenstiche oder frische Wunden auftragen. Mehrfach wiederholen.

Innerliche Anwendung

Innerlich wird Spitzwegerich bei Entzündungen der Mund- und Rachenschleimhaut, trockenem Husten, Entzündungen der Atemwege und des Verdauungstraktes sowie Magen-Darm-Parasiten verabreicht.

Frische Blätter

Frische Spitzwegerichblätter werden mit einer Schere fein zerkleinert und unter das Futter gemischt.
Dosierung: 1-mal täglich 1 g pro 1 kg Körpergewicht für 2–4 Tage

Frischpflanzen-Presssaft

Den Frischpflanzen-Presssaft 2:1 mit kaltem Wasser mischen und mit einer Spritze direkt in den Mund eingeben oder mit dem Futter mischen.
Dosierung: 1-mal täglich 0,1 ml pro 1 kg Körpergewicht für 2–4 Tage

Nebenwirkungen, Gegenanzeigen und Wechselwirkungen

Bei Überdosierung kann Durchfall auftreten. Gegenanzeigen und Wechselwirkungen sind nicht bekannt.

INFO

ALTERNATIVPFLANZE

Breitwegerich *(Plantago major)* enthält fast die gleichen Wirkstoffe wie Spitzwegerich und wird wie dieser dosiert und angewendet. In einer wissenschaftlichen Studie konnte nachgewiesen werden, dass Breitwegerich gegen Giardien gleich wirksam ist wie der Wirkstoff Tinidazol.

SilberWEIDE

Salix alba

Pflanzliches Schmerzmittel

Die Silberweide ist als Frühblüher eine wichtige Nahrungsquelle für Bienen und Hummeln, weshalb sie häufig in der Nähe von Obstbäumen angepflanzt wird, um Bienen frühzeitig zur Bestäubung anzulocken.
Das Holz der Weide ist sehr biegsam, sodass ihre dünnen Zweige äußerst gern für Flechtarbeiten wie Körbe und ihr Stamm für die Herstellung von Kricketschlägern verwendet werden.
Bereits in Altertum und Mittelalter wurde die Weidenrinde aufgrund ihrer schmerzlindernden Wirkung in Ägypten, Assyrien und Griechenland verwendet. Ihr fiebersenkender Effekt ist seit dem 16. Jahrhundert bekannt und hat ihr den Beinamen Europäische Fieberrinde eingebracht.

Wirkstoffe

Die Weidenrinde enthält bis zu 11 % Salicin und andere Salicylate. Salicin und seine Verwandten sind wirkungslose Prodrugs, die erst vom Körper in die entzündungshemmend, schmerzstillend und fiebersenkend wirkende Salicylsäure umgebaut werden. Die Wirkung der pflanzlichen Salicylsäure ist genauso hoch wie die ihres chemisch hergestellten Verwandten, der Acetylsalicylsäure (ASS). Durch ihren Prodrug-Charakter führen die Salicylate der Weidenrinde jedoch nicht zu den bekannten Nebenwirkungen der ASS (Magenschleimhautreizung und Gerinnungshemmung).

Merkmale

Baum
6–30 m hoch

Zweige
lang, teils überhängend, sehr biegsam

Baumstamm
oft innen hohl

Blätter
lanzettförmig 1–2 cm breit, 5–12 cm lang
Unterseite dicht seidig behaart, dadurch weißsilbriger Glanz
Blattstiel 3–10 mm
Blattrand fein gezähnt

Blüte
April–Mai
Kätzchen ca. 7 cm lang; erscheinen mit Blättern bei weiblichen Bäumen grünlich, bei männlichen gelblich

Vorkommen
sehr häufig
Fluss-, Bach- und Seeufer, Auenwaldränder

Sammelzeitpunkt
April–Mai

Verwendeter Bestandteil
innerer Teil der Rinde
1- bis 5-jährige Zweige

Wirkung
entzündungshemmend, schmerzstillend, fiebersenkend, antiseptisch

Anwendungsgebiete

Innerlich
Entzündungen und Schmerzen, Lahmheit, Fieber

Da die wirksamen Inhaltsstoffe erst im Körper entstehen, tritt die Wirkung der Weidenrinde verzögert ein, nach eigenen Beobachtungen nach 2–4 Stunden. Bei einer Langzeittherapie ist das Wirkungsmaximum nach 1–4 Wochen erreicht.

Zubereitungsformen und Dosierungen

Weidenrinde wird bei Katzen vor allem innerlich als Tee oder Glycerin-Extrakt angewendet.

Innerliche Anwendung

Die Weidenrinde wird zur Therapie von Schmerzen, Fieber und Entzündungen eingesetzt.

Tee

Die Weidenrinde vor Verwendung im Mörser anquetschen. 1 TL (= 1,5 g) getrocknete Weidenrinde mit 150 ml kochendem Wasser übergießen und 20 Minuten ziehen lassen.
Dosierung bei akuten Erkrankungen: 3-mal täglich 3 ml pro 1 kg Körpergewicht über 3–5 Tage
Dosierung bei chronischen Erkrankungen: 6 ml pro 1 kg Körpergewicht jeden zweiten Tag

Glycerit

Für die Herstellung eines Weidenrinden-Glycerit werden 10 g Weidenrinde mit 75 g Glycerit (99,5 %) und 25 ml Wasser extrahiert (→ Seite 68 f.).

Dosierung bei akuten Erkrankungen: 3-mal täglich 0,1 ml pro 1 kg Körpergewicht für 3–5 Tage
Dosierung bei chronischen Erkrankungen: 0,2 ml pro 1 kg Körpergewicht jeden zweiten Tag

Sinnvolle Kombinationen

Je nach Grunderkrankung können andere Heilkräuter (z. B. schleimlösend oder ebenfalls entzündungshemmend) mit Weidenrinde kombiniert werden.

Nebenwirkungen, Wechselwirkungen und Gegenanzeigen

Weidenrinde sollte nicht angewendet werden, wenn Ihre Katze unter einem Magengeschwür leidet. Die Pflanze hat keinen Einfluss auf die Blutgerinnung, im Gegensatz zu ihrem chemischen Verwandten Acetylsalicylsäure. Weidenrinde sollte nicht gleichzeitig mit Sonnenhut gegeben werden, da die Wirkungen sich aufheben.

INFO

ALTERNATIVPFLANZEN

Die Purpurweide, auch genannt Steinweide *(Salix purpurea = pratensis)*, die Bruchweide *(Salix fragilis)* und die Reifweide *(Salix daphnoides)* haben die gleiche Wirkung wie die Silberweide und sogar einen höheren Salicingehalt, kommen jedoch deutlich seltener vor.

Eingriffeliger **WEIßDORN**

Schwach giftig!

Crataegus monogyna

Dornige Hecke zum Schutz des Herzens

Wichtig! Nur nach Absprache mit Tierarzt oder Tierheilpraktiker anwenden!

Der Weißdorn war früher Bestandteil vieler Wallhecken, die als Einfriedung von Feldern und Äckern angepflanzt wurden. Sie dienten als natürlicher Zaunersatz und zum Schutz gegen Wildtiere und Bodenerosion. Seine intensiv duftenden weißen Blüten werden nur sehr selten von Bienen, sondern meist von Fliegen und Käfern bestäubt.
Bereits seit dem Mittelalter werden die Blätter und Blüten des Weißdorns zur Behandlung von Herzerkrankungen genutzt. Die positiven Wirkungen auf Herzkraft, Durchblutung und Blutdruck wurden inzwischen in

mehreren wissenschaftlichen Studien bei Tieren und Menschen nachgewiesen.
Herzerkrankungen können lebensgefährlich für Ihre Katze sein, deshalb sollten Sie Weißdorn nur unter Anleitung eines Tierarztes oder Tierheilpraktikers anwenden.

Wirkstoffe

Für die Wirkung des Weißdorns sind besonders seine Flavonoide und oligomeren Procyanidine verantwortlich. Die Flavonoide steigern die Herzkraft, während die Procyanidine die Durchblutung des Herzens steigern. Weitere Effekte des Weißdorns sind Senkung der Herzfrequenz bei Herzrasen und die Senkung des peripheren Gefäßwiderstandes mit verbesserter Durchblutung des Körpers.

Merkmale

Strauch
bis 10 m hoch
Blüte
Mai–Juni
Doldenrispen mit 8–15 mm großen Blüten; weiß mit 1 Griffel
Staubbeutel rot
Blätter
3–7 tief eingeschnittene Lappen
Stamm und Äste
dornig

Vorkommen
Waldränder und lichte Wälder
sonnige Gegenden, kalkreiche Böden
Sammelzeitpunkt
Mai–September
Verwendeter Bestandteil
Blätter, Blüten und Früchte
Wirkung
herzkräftigend, blutdrucksenkend

Anwendungsgebiete

Innerlich
Herzinsuffizienz Stadium I und II, Herzrhythmusstörungen

Zubereitungsformen und Dosierungen

Weißdorn wird innerlich verabreicht. Aufgrund seiner Indikation bei einer lebensgefährlichen Grunderkrankung ist es sinnvoll, auf standardisierte Fertigpräparate zurückzugreifen. Bei Katzen sind hierfür besonders Frischpflanzen-Presssaft und Fluidextrakt geeignet.

Innerliche Anwendung

Zur Therapie von Herzinsuffizienzen sollte Weißdorn über mindestens 6 Wochen verabreicht werden, um eine optimale Wirkung zu erzielen. Häufig ist jedoch auch eine lebenslange Therapie notwendig, was aufgrund der guten Verträglichkeit aber problemlos möglich ist.

Frischpflanzen-Presssaft

Frischpflanzen-Presssaft des Weißdorns ist in vielen Apotheken und Reformhäusern erhältlich.
Dosierung: 1-mal täglich 0,1 ml pro 1 kg Körpergewicht

Fluidextrakt

In Apotheken ist ein für Tiere zugelassener alkoholischer Fluidextrakt (Crataegus ad usum vet®) erhältlich. Fluidextrakte sind konzentrierte Extrakte, sodass sie extrem niedrig dosiert werden können und der Alkoholgehalt zu vernachlässigen ist.
Dosierung: 3- bis 5-mal täglich 1–2 Tropfen pro 1 kg Körpergewicht

Nebenwirkungen, Gegenanzeigen und Kontraindikationen

Weißdorn kann die Wirkung von Digitalis-Präparaten verstärken. Nebenwirkungen sind auch bei lebenslanger Therapie bisher nicht bekannt.

INFO

ALTERNATIVPFLANZEN

Der Zweigriffelige Weißdorn *(Crataegus laevigata)* enthält ähnliche Inhaltsstoffe und kann ebenso zur Therapie bei Herzerkrankungen verwendet werden.

INFO

GIFTIGE HEILPFLANZEN

Folgende Kräuter – es gibt leider noch viele mehr –, die beim Menschen und anderen Säugetieren Anwendung finden, sind für Katzen giftig oder bei Überdosierung unverträglich.

Sehr giftig
Folgende Heilpflanzen sollten Sie **unter keinen Umständen** bei Ihrer Katze anwenden:

- ☠ Adonisröschen *(Adonis vernalis)*
- ☠ Besenginster *(Cytisus scoparius)*
- ☠ Fingerhut *(Digitalis,* alle Arten)
- ☠ Glockenbilsenkraut *(Scopolia carniolica)*
- ☠ Herbstzeitlose *(Colchicum autumnale)*
- ☠ Lebensbaum *(Thuja occidentalis)*
- ☠ Maiglöckchen *(Convallaria majalis)*
- ☠ Rosskastanie *(Aesculus hippocastanum)*
- ☠ Schöllkraut *(Chelidonium majus)*
- ☠ Tollkirsche *(Atropa belladonna)*

Giftig bei Überdosierung
Folgende Heilpflanzen sind bei Überdosierung für Katzen giftig. Sie sollten nur auf ausdrückliche Verordnung durch einen Tierarzt oder Tierheilpraktiker angewendet werden.

INFO

- Ackerschachtelhalm *(Equisetum arvense)*
- Bärentraube *(Arctostaphylos uva-ursi)*
- Birke *(Betula pendula)*
- Efeu *(Hedera helix)*
- Fenchel *(Foeniculum vulgare)*
- Hanf *(Cannabis sativa)*
- Liebstöckel *(Levisticum officinale)*
- Löwenzahn *(Taraxacum officinale)*
- Mistel *(Viscum album)*
- Pfefferminze *(Mentha x piperita)*
- Salbei *(Salvia officinalis)*
- Wacholder *(Juniperus communis)*
- Weißdorn *(Crataegus monogyna)*
- Wermut *(Artemisia absinthium)*

Die Tollkirsche ist hochgiftig und führt bei Katzen zu erweiterten Pupillen, Übererregung, Lähmung und Tod.

Anhang

Quellen

Bäumler, S.: Heilpflanzenpraxis heute (2021); Elsevier Verlag, München (HPP)

Beiser, R., Ell-Beiser, H: Heilpflanzentinkturen (2017); Ulmer Verlag, Stuttgart (TB)

Brendieck-Worm, C., Melzig, M.: Phytotherapie in der Tiermedizin (2021); Thieme Verlag, Stuttgart (PTM)

Schilcher, H. (Hrsg.): Leitfaden Phytotherapie (2016); Urban und Fischer Verlag München (LFP)

Schmeil-Fitschen: Die Flora Deutschlands und der angrenzenden Länder (2019), Quelle und Meyer Verlag, Wiebelsheim

Wynn, S., Fougére, B.: Veterinary Herbal Medicine (2006); Mosby Elsevier Verlag, St Louis (USA) (VHM)

https://www.vetpharm.uzh.ch/perldocs/physyqry.htm (Arzneipflanzen)

https://www.vetpharm.uzh.ch/perldocs/toxsyqry.htm (Giftpflanzen)

Zur Pflanzenbestimmung

Spohn, Golte-Bechtle et al.: Was blüht denn da? (2021); Kosmos Verlag, Stuttgart

www.floraincognita.com

Bezugsquellen für Heilpflanzen

Sowohl getrocknete Heilpflanzen als auch deren Tinkturen und Frischpflanzen-Presssäfte sind in vielen örtlichen Apotheken und Reformhäusern zu finden. Sollten Sie dort nicht fündig werden, können Sie es unter folgenden Internet-Adressen versuchen:

www.meine-teemischung.de – sehr große Auswahl, auch größere Mengen erhältlich

www.vom-achterhof.de – getrocknete Kräuter in Bio-Qualität

www.schoenenberger.com – größter Hersteller von Frischpflanzen-Presssaft mit Online-Händlersuche

https://www.magicgardenseeds.de – Saatgut für Arzneipflanzen

Register